建筑工程
AutoCAD制图实训教程

金 昊 主 编

朱希玲 副主编

U0264577

清华大学出版社

北 京

内 容 简 介

本书把建筑工程制图与 AutoCAD 的实际操作有机融合,从建筑工程制图基本要求出发,结合实例由浅入深地讲解使用 AutoCAD 软件绘制建筑工程图纸所需要的各项指令及其在实际建筑工程中的应用。本书注重项目化教学,力求讲解系统、简单、实用,以帮助读者轻松应用 AutoCAD 软件绘制建筑施工图。本书可作为建筑工程类专业本科生、专科生的实践教材,也可作为建筑工程行业从业人员的自学教材。

图书在版编目 CIP 数据

建筑工程 AutoCAD 制图实训教程/金昊主编.--北京:清华大学出版社,2015
ISBN 978-7-302-38971-2

Ⅰ.①建…   Ⅱ.①金…   Ⅲ.①建筑制图－计算机辅助设计－AutoCAD 软件   Ⅳ.①TU204

中国版本图书馆 CIP 数据核字(2015)第 005676 号

责任编辑:高晓蔚
封面设计:汉风唐韵
责任校对:宋玉莲
责任印制:王静怡

出版发行:清华大学出版社
           网   址:http://www.tup.com.cn, http://www.wqbook.com
           地   址:北京清华大学学研大厦 A 座   邮   编:100084
           社 总 机:010-62770175   邮   购:010-62786544
           投稿与读者服务:010-62776969, c-service@tup.tsinghua.edu.cn
           质量反馈:010-62772015, zhiliang@tup.tsinghua.edu.cn
           课件下载:http://www.tup.com.cn,010-62770175-4903
印 装 者:三河市中晟雅豪印务有限公司
经   销:全国新华书店
开   本:185mm×230mm   **印   张:**17.25   **插 页:**1   **字   数:**347 千字
版   次:2015 年 2 月第 1 版   **印   次:**2015 年 2 月第 1 次印刷
印   数:1~4000
定   价:35.00 元

产品编号:045939-01

本书编写人员

主　　编：金　昊

副 主 编：朱希玲

参编人员：严小丽　王宇静　吴　清

　　　　　高俊芳　杨　帆　赵　鉴

前　言

　　建筑工程制图是建筑工程类专业的重要基础课程，课程的实践性强。随着计算机的普及和应用，运用各类制图软件绘制工程图纸已经基本上取代了手工绘图，而 AutoCAD 作为最早在绘图上应用的软件之一，也成为最普遍的工程制图工具软件。目前针对 AutoCAD 工程制图的教材很多，且各有侧重。本书根据建筑工程制图的教学要求，将建筑工程制图的基本理论、规范与 AutoCAD 软件主要制图命令相结合，并将大量实例贯穿其中，为初学者提供学习、训练所必要的知识。

　　主要内容

　　本书融合了建筑工程制图的基本要求和 AutoCAD 制图的要点，为建筑工程制图的实验教学提供必要的理论和实践教学素材。

　　本书共分三篇，包括 14 章。第一篇介绍了建筑工程制图的基础知识，通过两个章节，分别介绍建筑工程制图的一些规范和投影制图的方法，为建筑工程制图的实验实训提供必要的理论基础。第二篇对 AutoCAD 绘图技巧进行了详细介绍，通过第三章～第十一章的分块讲解，把与建筑工程制图相关的重要的 AutoCAD 操作指令和绘图技巧详细地进行了介绍，且每一章节都设置了课后练习题，以便快速提高初学者的实践操作能力。第三篇为实战指导，按照建筑施工图和结构施工图的要求，结合具体的项目，详细讲解了施工图的绘图技巧。本书图文并茂，通俗易懂，可操作性强，方便教学和自学。

　　本书特色

　　本书由常年从事高校教学工作的教师在总结工程制图和计算机辅助设计 AutoCAD 等课程教学经验的基础上编著而成，着重引导并培养读者的实战技术，因此本书具有以下特点。

　　(1) 多层次体系构架，满足多重教学要求。本书既包含了工程制图的基础理论，也有以 AutoCAD2008 为基础的案例实战，能够满足理论和实践的教学要求。

　　(2) 实际案例剖析，把理论知识与 CAD 绘图技巧紧密结合。本书以实际项目制图为基础，根据各类工程图纸的特点，逐一讲解 CAD 制图的要点，从而使读者能够通过实际案例对 CAD 命令与绘图规范加以消化和提炼。

　　(3) 每章设置习题，边学边练，逐渐提高绘图技巧。AutoCAD 工程制图的学习并不是一蹴而就的，而是需要不断练习，熟练以后才能提高绘图的效率。本书不同于现有的常见教材的地方就是提供了大量的可供练习的实际案例,为初学者快速提高绘图技巧提供了便利。

适用人群

本书既可作为高等院校工程管理类与建筑工程类及相关专业本科、专科的实训教材,也可作为相关企业、用户的培训教材,还可为从事工程制图方面工作的初学者提供学习与参考。

本书得到了"内涵科研项目(编号:nhky-2014-16)"和"工程管理学科建设(编号:0103)"的支持。

编　者

2014 年 9 月

目　录

第一篇

基础知识篇

建筑工程制图课程主要是通过学习正投影理论,使学生明确建筑工程图的形成原理,以及工程图样在建筑工程中所占的重要地位及所起的重要作用。只有会画图,才能用其表达工程技术人员的设计思想;只有会读图,才能理解别人的设计意图。所以,工程图作为工程界的共同语言,是每一位工程技术人员都必须正确、熟练掌握的。

第一章

建筑工程制图规格

图纸是工程师的语言,是施工的依据。为了统一制图规则,保证制图质量,提高制图效率,做到图面清晰、简明,符合设计施工、存档的要求,便于技术交流,适应工程建设的需要,国家制定了一系列的制图标准,这些标准对图样的画法、图线的线型线宽及其应用、尺寸标注、图例符号、字体等都有统一的规定。

建筑工程图样必须严格遵守以下国家标准及相应的条文说明:

(1)《技术制图》(GB/T 10609、GB/T 12212～GB/T 12213、GB/T 13361、GB/T 14689～GB/T 14692、GB/T 15754、GB/T 16675、GB/T 17450～GB/T 17453 等)。

(2)《房屋建筑制图统一标准》(GB/T 50001—2001)。

(3)《总图制图标准》(GB/T 50103—2001)。

(4)《建筑制图标准》(GB/T 50104—2001)。

(5)《建筑结构制图标准》(GB/T 50105—2001)。

(6)《给水排水制图标准》(GB/T 50106—2001)。

(7)《暖通空调制图标准》(GB/T 50114—2001)。

(8)《道路工程制图标准》(GB/T 50162—1992)。

(9)《机械制图》(GB/T 4457～GB/T 4460、GB/T 131、GB/T 4656、GB/T 324、GB/T 5185)。

制图的国家标准是所有工程技术人员在设计、施工、管理中都必须严格执行的。建筑制图者必须树立标准化概念,严格遵守国标中的每一项规定,认真执行国家标准。

第一节 建筑工程制图的基本要求

一、图纸幅面

为了使图纸整齐,便于装订和保管,国家标准中规定了图纸的幅面尺寸。图纸的边线称为幅面线,内部一道封闭线称为图框线,图纸幅面是指用来绘制工程图的纸张的大小、规格等。计算机绘图时,可用细线画出图幅,用粗线画出图框及标题栏的外框(标题栏的分格线用细线),并且可将图幅文件保存为样板文件(后缀为.dwt)。

绘制工程图时,一般采用如表 1-1 所规定的基本幅面,有 A0、A1、A2、A3、A4 五种格式。必要时可加长,但也要符合有关规定。图纸以短边作为垂直边称为横式,以短边为水平边称为立式。一般 A0～A3 图纸宜横式使用,必要时,也可立式使用,如图 1-1 所示。制图作业中常用的 A3 横式幅面,如图 1-2 所示,其中 a=25mm,c=5mm。

表 1-1 图纸幅面及图框尺寸   单位: mm

尺寸代号	幅 面 代 号				
	A0	A1	A2	A3	A4
B×L	841×1 189	594×841	420×594	297×420	210×297
c	10			5	
a	25				

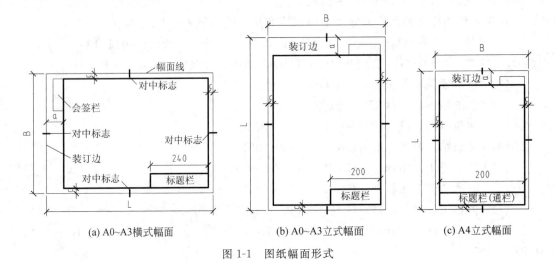

(a) A0~A3横式幅面　　　(b) A0~A3立式幅面　　　(c) A4立式幅面

图 1-1 图纸幅面形式

二、图纸标题栏及会签栏

将工程名称、图名、图号、设计号及设计人、绘图人、审批人的签名和日期等集中列表放在图纸右下角称为标题栏,如图 1-3 所示。标题栏的格式和内容可根据需要自行确定。会签栏是为各工种负责人签字用的表格,放在图纸左侧上方的图框线外,如图 1-4 所示。一个会签栏不够时,可另加一个,两个会签栏应并列;不需会签栏的图纸可不设会签栏。

虽然图纸标题栏和会签栏的格式与内容都有规定,但也有一些使用单位根据需要自行确定。

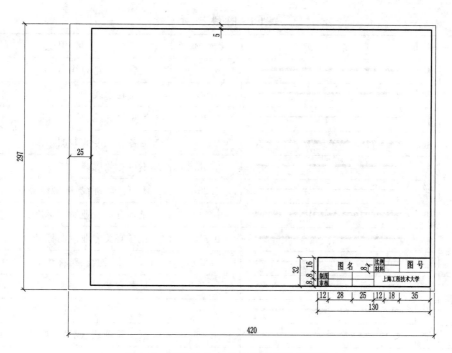

图 1-2 制图作业中常用的 A3 横式幅面

图 1-3 标题栏

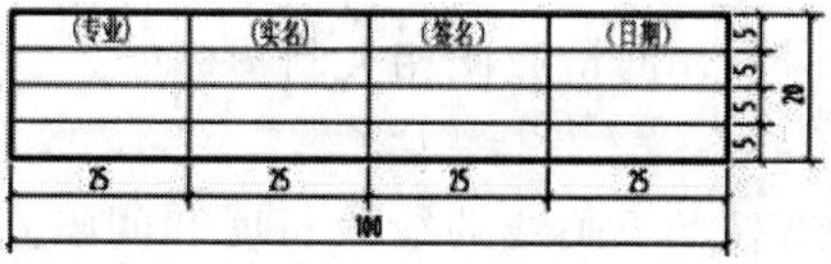

图 1-4 会签栏

三、图线

GB/T 17450—1998《技术制图图线》规定了图线的名称、形式、结构标记及画法规则。在绘制建筑工程图样时,为了表示不同内容,并且能分清主次,必须使用不同线型和不同粗细的图线。如表 1-2 所示。

表 1-2 图 线 型 式

名 称		线 型	线 宽	一 般 用 途
实线	粗		b	主要可见轮廓线
	中		0.5b	可见轮廓线
	细		0.25b	可见轮廓线、尺寸线、图例线等
虚线	粗		b	见各有关专业制图标准
	中		0.5b	不可见轮廓线
	细		0.25b	不可见轮廓线、图例线等
单点长画线	粗		b	见各有关专业制图标准
	中		0.5b	见各有关专业制图标准
	细		0.25b	中心线、轴线、对称线等
双点长画线	粗		b	见各有关专业制图标准
	中		0.5b	见各有关专业制图标准
	细		0.25b	假想轮廓线、成型前原始轮廓线
折断线			0.25b	断开界线
波浪线			0.25b	断开界线

1. 图线的粗细

建筑工程图一般使用三种线宽，即粗线、中粗线、细线，若粗实线的宽度为 b，则三种线宽分别为 b、0.5b、0.25b。粗实线的线宽 b 宜从线宽系列 0.35mm、0.5mm、0.7mm、1.0mm、1.4mm、2.0mm 中选取，先选定粗实线线宽 b，中粗线及细线的宽度也就随之确定，b 究竟取多大，根据图形的大小而定，若大图，选大值，否则选小值。部分图线在不同的专业制图中的用法有所不同，用时应查阅相关制图标准。

2. 图线的应用

(1) 虚线、单点长画线或双点长画线的线段长度和间隔宜各自相等，如图 1-5 所示。计算机绘图时，可通过线型比例(LTScale)命令，输入合适的数值，以取得较好的画面效果。

(2) 单点长画线或双点长画线，在较小图形中绘制有困难时，可用细实线代替，如图 1-5 所示。

(3) 单点长画线或双点长画线的两端，不应是点。点画线与点画线交接或点画线与其他图线交接时，应该是线段交接，如图 1-5 所示。计算机绘图时，对此不做硬性要求。

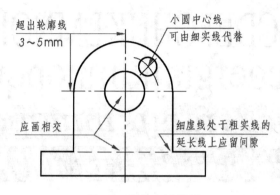

图 1-5 图线应用举例

（4）计算机绘图时，应通过开设图层的方法，把不同粗细、不同类型的图线放置在不同的图层里，选择合理的线宽组设置图线的粗细和根据国家标准（详见 GB/T 18299—2000《CAD 工程制图规则》）确定图层的颜色。

四、字体

图纸上书写的文字有汉字、数字及字母等，用来说明物体的大小及施工的技术要求等内容。如果书写潦草或模糊不清，不仅影响图样的清晰和美观，还会导致施工出现差错和带来麻烦，因此，建筑制图国家标准对字体的规格和要求做了统一的规定。

对于字体，总的要求是：排列整齐，字体端正，笔画清晰，间隔均匀，标点符号清楚正确。

（1）文字的字高从字高系列 2.5mm、3.5mm、5mm、7mm、10mm、14mm、20mm 中选用，汉字的字高不得小于 3.5mm，该字高系列按照 $\sqrt{2}$ 倍的规律递增，若需书写更大的字，则字高乘以 $\sqrt{2}$。

（2）图纸上的汉字应写成长仿宋体，即高、宽比大约是 1∶0.7；字母和数字可写成斜体和直体，斜体字字头向右倾斜，与水平基准线呈 75°。斜体字的高度与宽度应与相应的直体字相等，如图 1-6 所示。

五、比例与图名

比例是图样中图形与实物相对应的线性尺寸之比。比例用阿拉伯数字表示。比值为 1 的比例为原值比例（1∶1）；大于 1 的比例称为放大比例，如 2∶1；小于 1 的比例称为缩小比例，如建筑施工图常用的 1∶100。

比例写在图名右侧，比图名字号小一号或两号。图名下画一横粗线，粗度与本图中的粗实线一致，横线的长度应以所写的文字所占长度为准。图名下横线与图名文字的间隔

ABCDEFGHIJKLMNOP

abcdefghijklmnopqr

abcdefghijklmnopq 75°

ABCDEFGHIJKLMNOP 75°

图 1-6 字母示例

一般不大于 2mm。如图 1-7 所示,图名下的横线有时也可延长至比例数字下方。使用详图符号作图名时符号下不再画线。

当一张图纸中的各图只用一种比例时,也可把 <u>平面图</u>1:100 ⑤ 1:10

该比例单独书写在图纸标题栏内。

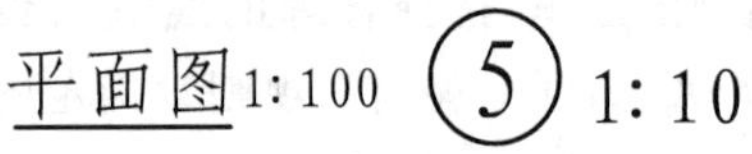

图 1-7 比例和图名

绘图时,根据图样的用途和被绘物体的复杂程度,优先选用常用比例,也可按需要选用可用比例。

绘图所用的比例如表 1-3 所示。特殊情况下也可自选比例,这时除应标注出绘图比例外,还必须在适当位置绘制出相应的比例尺。

表 1-3 绘图所用的比例

常用比例	1:1、1:2、1:5、1:10、1:20、1:50、1:100、1:200、1:500、1:1 000、1:2 000、1:5 000、1:10 000、1:20 000、1:50 000、1:100 000、1:200 000
可用比例	1:3、1:4、1:6、1:15、1:25、1:30、1:40、1:60、1:80、1:250、1:300、1:400、1:600

第二节 建筑工程制图的尺寸标注要求

图形表示物体的形状,尺寸表示物体的大小。在建筑工程图中,除了要画出建筑物或构筑物等的形状外,还必须标注完整的实际尺寸,以作为施工的依据。

一、尺寸界线、尺寸线及尺寸起止符号

图样上标注的尺寸由尺寸线、尺寸界线、尺寸起止符号、尺寸数字等组成,这称为尺寸的四要素。尺寸线、尺寸界线采用细实线,如图 1-8 所示。

(1) 中心线、尺寸界线以及其他任何图线都不得用作尺寸线;图形的轮廓线和中心线

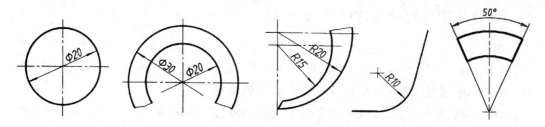

图 1-8 直径、半径和角度的尺寸线终端

允许用作尺寸界限。

（2）在起止点上应画出尺寸起止符号。长度型尺寸的标注,这类尺寸标注的特点是尺寸线平行于被标注对象（通常为水平竖直方向）。建筑工程图样最大量使用的尺寸都属于长度型的尺寸标注。一般为 45°倾斜的细短线或中粗短线,其倾斜方向为尺寸线顺时针旋转 45°角,长度一般为 2～3mm;当画比例较大的图形时,其长度约为图形粗实线宽度 b 的 5 倍。在同一张图纸上的这种 45°倾斜的短线的宽度和长度应保持一致。计算机绘图时,选用下拉菜单"标注"栏里的"线性"（对于倾斜位置的长度型尺寸标注应选用"对齐"）,半径、直径、角度与弧长的尺寸起止符号,宜用箭头,如图 1-8 所示。计算机绘图时,选用下拉菜单"标注"栏里的"半径"、"直径"、"角度"。

（3）一般情况下,线性尺寸的尺寸界线垂直于尺寸线,其一端应离开图样的轮廓线不小于 2mm,另一端宜超出尺寸线 2～3mm。互相平行的尺寸线,应从被标注的图样轮廓线由近向远整齐排列,较小尺寸应离轮廓线较近,较大尺寸应离轮廓线较远,图样轮廓线以外的尺寸线,距图样最外轮廓线之间的距离不宜小于 10mm,平行排列的尺寸线之间的距离宜为 7～10 mm,并保持一致,如图 1-9 所示。计算机绘图时,选用下拉菜单"标注"栏里的"线性"标出一个尺寸后,接着选用"基线"或"连续"即可。

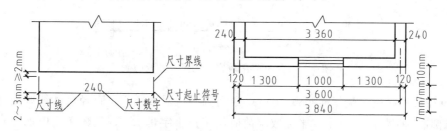

图 1-9 尺寸组成与标注示例

当受地位限制或尺寸标注困难时,允许斜着引出尺寸界线来标。当斜着引出的尺寸界线上画上 45°倾斜短线不清晰时,可以画上箭头为尺寸起止符号。当相邻的尺寸界线的间隔都很小时,尺寸起止符号可以采用小圆点。

二、尺寸数字及尺寸标注

图样上的尺寸,应以尺寸数字为准,不得从图上直接量取。工程图上标注的尺寸数字,是物体的实际尺寸,它与绘图所用的比例无关。建筑工程图上标注的尺寸数字单位,除标高及总平面图以米为单位外,其余都以毫米为单位。

任何图线不得穿过尺寸数字;当不能避免时,必须将此图线断开。尺寸数字应尽可能标注在图形轮廓线以外,如果确需标注在图形轮廓线以内,又无法避免图线相交时,则必须把标注处的其他图线断开,以保证所标注尺寸数字的清晰和完整,如图1-9中的尺寸数字"120"。

尺寸数字一般应依据其方向注写在靠近尺寸线的上方中部。当尺寸线的角度过于接近竖直线(≤30°)时,尺寸数字宜挪位水平注写,如图1-10所示。如没有足够的注写位置,最外边的尺寸数字可注写在尺寸界线的外侧,中间相邻的尺寸数字可错开注写,如图1-11所示。

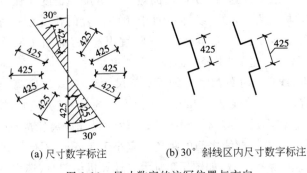

(a) 尺寸数字标注　　　　(b) 30°斜线区内尺寸数字标注

图1-10　尺寸数字的注写位置与方向

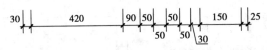

图1-11　尺寸界限较密时的尺寸注写位置

半径尺寸线应一端指向圆弧,另一端通向圆心或对准圆心。直径尺寸线则通过圆心或对准圆心,如图1-12所示。半径数字前应加写拉丁字母 R,直径数字前应加注直径符号 Φ。注写球的半径时,在半径代号 R 前再加写拉丁字母 S;注写球直径时,在直径符号 Φ 前也加写拉丁字母 S。当圆弧半径过大或在图纸范围内无法标出其圆心位置时,则应对准圆心画一折线状的或者断开的半径尺寸线。

标注角度时,角度的两边作为尺寸界线,将尺寸线画成圆弧,其圆心就是该角度的顶

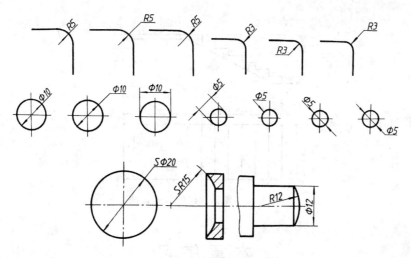

图 1-12　直径、半径、球尺寸标注法

点。尺寸线的起止点处应画上尺寸箭头。角度数字一律水平注写,并在数字的右上角相应地画上角度单位度、分、秒的符号。弧长数字的上方,应加画弧长符号,如图 1-13 所示。

　　对于只画一半或一半多一点的对称图形,当需要标注整体尺寸时,尺寸线只要一端画上尺寸起止符号,另一端略超过对称中心线,并在对称中心线上画出对称符号即可(两条平行的细实线,间距 2～3mm,长度 6～8mm)。尺寸数字是总体尺寸,如图 1-14 所示,工字钢只画出一半,但应标注总体尺寸"140"。

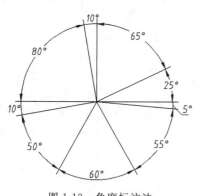

图 1-13　角度标注法

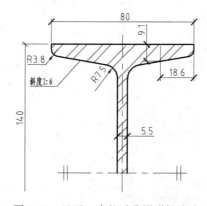

图 1-14　只画一半的对称图形标注法

　　较多相等间距连续尺寸,一般标注成乘积形式。如图 1-15 所示为楼梯梯段的尺寸标注。

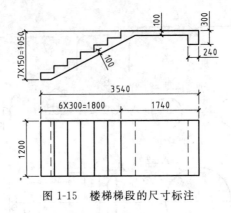

图 1-15 楼梯梯段的尺寸标注

本 章 练 习

1. 细虚线与细点划线画法和用法有什么区别？

2. 标注尺寸时，哪些情况下用箭头？

3. 标注尺寸时，哪些情况下用 45°中粗短线？

4. 标注角度时，角度数字应如何书写？

5. 图线能否穿过尺寸数字？若不能，如何处理？

6. 较多相等间距连续尺寸，应如何标注？

第二章

投 影 制 图

第一节　投影法基本知识

在工程实际中,我们遇到的各种工程图样,如机械图样、建筑图样等都是用投影的方法绘制出来的。投影是在图纸上将实际物体的形象描画下来的一种方法,是工程制图的基础。

一、投影的形成

在日常生活中我们会看到这样一些现象:物体在灯光或日光的照射下,会在地面、墙面或其他物体的表面上产生影子,并能在某种程度上显示出物体的形状和大小,如图 2-1 所示,投影的方法就是人们从这些自然现象中抽象出来的。

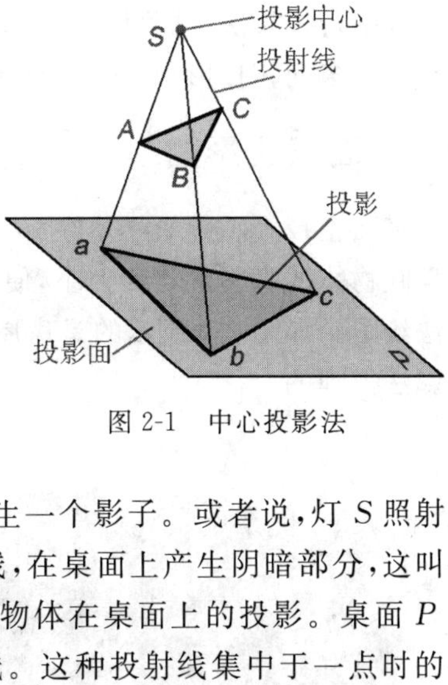

图 2-1　中心投影法

二、投影的分类:中心投影、平行投影

1. 中心投影

先看图 2-1 上空一灯 S,照一物体,在桌面 P 上产生一个影子。或者说,灯 S 照射桌面 P,上方放一物体,由于物体的存在,挡住一部分光线,在桌面上产生阴暗部分,这叫作物体在桌面上产生的影子,在投影法中,这个影子叫做物体在桌面上的投影。桌面 P 叫作投影面,灯的中心 S 叫作投影中心,光线叫作投射线。这种投射线集中于一点时的投影叫作中心投影。在中心投影的条件下,物体投影的大小,是随投影中心 S 距离物体的远近和物体离投影面 P 的远近而变化的。因此中心投影不能反映物体的真实形状和大小。中心投影法主要用于绘制透视图。用透视图来表达建筑物的外形或房间的内部布置时,立体感强,图形显得十分逼真,但作图复杂,建筑物各部分的形状和大小不能直接从图中度量出来。

2. 平行投影

在图 2-1 中,如果投影中心 S 移至离投影面 P 无穷远的地方,则投射线就相互平行,投影中心只能用投射方向 S 表示。这种投射线相互平行的投影叫作平行投影。平行投影根据投射线与投影面倾角的不同分为：

（1）斜投影法，即投射线倾斜于投影面，如图 2-2 所示。

（2）正投影法，即（直角投影）投射线垂直于投影面，如图 2-3 所示。

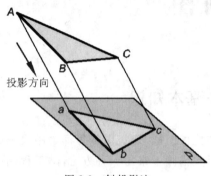

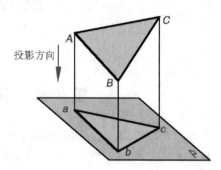

图 2-2　斜投影法　　　　　　　　　　　图 2-3　正投影法

在平行投影法中，物体投影的大小与物体离投影面的远近无关。用平行投影法绘制的图样有多面正投影、轴测投影、标高投影。

三、多面正投影图

多面正投影图是指物体在相互垂直的两个或多个投影面上所得到的正投影。这种图能反映物体的真实形状和大小，便于按图建造，是主要的工程图。建筑工程图样采用正投影法绘图。如图 2-4 所示的是房屋水平剖切的立体图，如图 2-5 所示的平面图，是采用正投影法得到的。

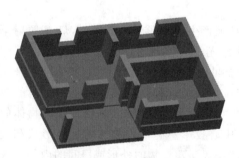

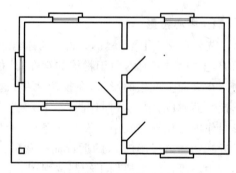

图 2-4　房屋水平剖切立体图　　　　　　　图 2-5　房屋平面图

第二节　三视图的形成及其对应关系

一、三面正投影体系的建立

工程中常把物体放在三个互相垂直的投影面所组成的三投影体系中,得到物体的三个正投影。如图 2-6 所示,三个互相垂直的投影面分别为正立投影面(正面)V、水平投影面(水平面)H、侧立投影面(侧面)W,互相垂直的投影面的交线为投影轴:OX、OY、OZ,三轴交点 O 称为原点。将物体放在三投影面体系中,按正投影法向正面、水平、侧面投影,依次得到正面投影、水平投影、侧面投影,如图 2-7 所示。正面不动,侧面向后翻转 90°,水平面向下翻转 90°,得到物体的三视图,如图 2-8 所示。物体的多面正投影图称为视图。正面投影称为正立面图,水平投影称为平面图,侧面投影称为左侧立面图。为了作图简便,投影图中不必画出投影面的边框,也可以不画投影轴。如图 2-9 所示为台阶三视图。

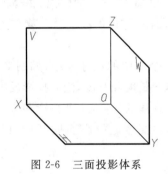

图 2-6　三面投影体系　　　　　　　　图 2-7　三面投影立体图

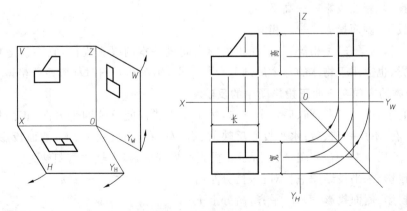

图 2-8　展开后的三视图

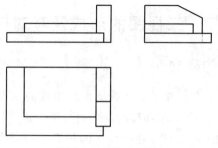

图 2-9　台阶三视图

二、三面正投影规律

1. 三面正投影之间的关系

在三投影体系中,通常使 OX、OY、OZ 轴分别平行于物体的三个向度(长、宽、高),物体的长度就是物体上最左和最右两点之间平行于 OX 轴方向的距离;物体的宽度就是物体上最前和最后两点之间平行于 OY 轴方向的距离;物体的高度就是物体上最上和最下两点之间平行于 OZ 轴方向的距离。

物体的三面正投影,反映出物体长、宽、高三个方向的尺寸大小,如图 2-8 所示,正面投影反映物体的长度和高度,水平投影反映物体的长度和宽度,侧面投影反映物体的宽度和高度。也就是说,正面投影和水平投影都反映物体的长度,水平投影和侧面投影都反映物体的宽度,正面投影和侧面投影都反映物体的高度。投影面展开后,以上规律可归纳为:

正面投影、水平投影——长对正;

正面投影、侧面投影——高平齐;

水平投影、侧面投影——宽相等。

"长对正,高平齐,宽相等"是三面正投影之间最基本的投影规律,它不仅适用于整个物体的投影,也适用于物体的每个局部甚至每个点,画图和看图时都应该严格遵守。

2. 物体的方向在三面正投影图中的反映

物体有上、下、左、右、前、后六个方向,每个正投影仅能反映四个方向,正面投影反映上、下、左、右,不反映前、后;水平投影反映前、后、左、右,不反映上、下;侧面投影反映上、下、前、后,不反映左、右,如图 2-10 所示。投影面展开后,以上规律可归纳为:

正面投影、水平投影——长对正,长分左右;

正面投影、侧面投影——高平齐,高分上下;

水平投影、侧面投影——宽相等,宽分前后。

尤其要注意,在水平投影和侧面投影中,靠近正面投影的一边都反映物体的后面,远

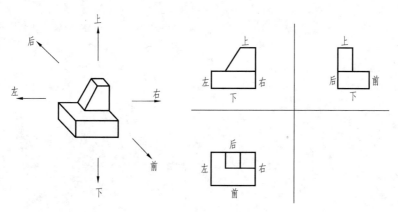

图 2-10　三视图的方位关系

离正面投影的一边都反映物体的前面。在根据宽相等作图时,不但要注意量取尺寸的起点,而且要注意量取尺寸的方向。

本 章 练 习

1. 细虚线与细点划线画法和用法有什么区别?
2. 标注尺寸时,哪些情况下用箭头?
3. 标注尺寸时,哪些情况下用 45°中粗短线?
4. 标注角度时,角度数字应如何书写?
5. 图线能否穿过尺寸数字? 若不能,如何处理?
6. 较多相等间距连续尺寸,应如何标注?

绘图技巧篇

　　AutoCAD 是目前建筑工程制图中最基本、最常用的软件。通过多次迭代升级后，该软件已具备强大的功能，能够实现复杂的制图要求。而对于建筑工程制图而言，主要还是运用 AutoCAD 软件的一些基本制图功能。因此，熟练地掌握这些命令和绘图技巧能够提高建筑工程制图效率。本篇将结合实例来介绍这些常用的 AutoCAD 制图命令。

第三章

AutoCAD 制图前准备

第一节 AutoCAD 的安装与卸载

一、系统要求

1. 软件系统要求

本书以 AutoCAD2008 为基础讲解绘图的操作,下文没有明确说明版本的即默认是 AutoCAD2008。它对操作系统的要求是:对于 32 位操作系统而言,可操作平台包括 Microsoft Windows XP Professional(Service Pack 2. Home Service Pack 2)、Windows 2000 Service Pack 4 或 Windows Vista(Enterprise、Business Ultimate Home Premium、 Home Basic 和 Starter)。对于 64 位操作系统而言,可操作平台包括 Microsoft Windows XP Professional、Windows 2000 Service Pack 4 或 Windows Vista(Enterprise、Business、 Ultimate、Home Premium 和 Home Basic)。

此外,若采取网络安装,需要保证网络的畅通。

2. 硬件系统要求

AutoC00AD2008 对计算机的硬件配置要求较高,具体如下:

(1)处理器:PentiumⅢ、PentiumⅣ或更高版本,建议采用主频为 3.0GHz 或更快的中央处理器,主频最低为 800MHz。

(2)内存:最低为 512MB,建议在 2GB 以上。

(3)显示器:1 024×768VGA,真色彩。

(4)硬盘:安装空间需要 750MB,运行需要 2GB 以上。

(5)显存:最低为 128MB,建议配置三维独立显卡。

(6)根据输出要求配置绘图仪和打印机,选择绘图仪时要注意 AutoCAD 的出图体系结构是基于 heidi device interface(HDI)的。

此外,AutoCAD 安装时需要 CD-ROM(网络安装除外),绘图中还需要配备定点设备,如鼠标、跟踪球等。

二、系统安装与卸载

AutoCAD 安装包有自动安装功能,安装过程与常见软件的安装过程一致,用户可以在系统提示下通过单击"下一步(N)"按钮逐步安装即可,注意选择安装的路径。

安装完 AutoCAD 后,并不能直接使用,还需要向 Autodesk 公司申请注册码。在安装后第一次启动 AutoCAD 时,系统将提示输入注册码,确定后方可进入该软件绘图环境中。

如果已经安装了 AutoCAD 中文版,当再次运行安装程序时,系统将有三个选择,分别如下:

(1) 添加/删除功能。安装程序将从"自定义组件"对话框开始,向已安装的 AutoCAD 系统中增加一些组件。

(2) 重新安装或修复。AutoCAD 安装程序从"安装确认"对话框开始,重新覆盖已经安装的文件,或者对被破坏的文件进行修复。

(3) 删除 AutoCAD。直接删除已经安装的 AutoCAD,这与在"控制面板"中通过"添加/删除程序"删除的功能一样。

三、用户界面

从 R14 版开始,Autodesk 公司采用 Windows 作为唯一的操作系统平台,因此 AutoCAD 的用户界面与 Windows 标准应用程序界面一致,并与以前版本界面保持一致。通常 AutoCAD 的用户界面如图 3-1 所示,其中包括标题栏、菜单栏、工具栏、状态栏、绘图区、面板、命令行窗口等。

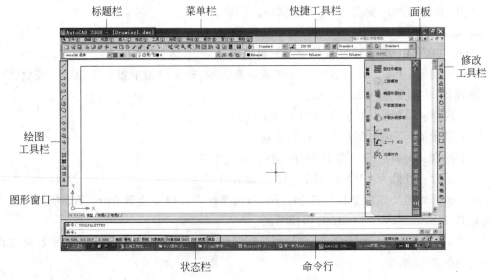

图 3-1　AutoCAD 2008 后的初始界面

（1）标题栏。标题栏位于屏幕顶端，在软件名称后显示了当前打开的文件名，它相当于图纸档案的名称。

（2）菜单栏。AutoCAD 提供了多种菜单形式，包括菜单栏（图 3-2）、屏幕菜单和光标菜单。

菜单栏是最常用的菜单形式，共有"文件(F)"、"编辑(E)"、"视图(V)"等 11 个下拉菜单，包括了所有的软件命令和设置。

屏幕菜单的功能与下拉菜单功能类似，可以打开"工具(T)"下拉菜单中的"选项"对话框，在"显示"选项卡中选中或不选中"显示屏幕菜单(U)"复选框来打开或关闭屏幕菜单。屏幕菜单默认放置在绘图窗口右侧，该功能与下拉菜单完全一致，主要是为了照顾使用 DOS 版的用户的习惯，目前已不常使用。

光标菜单是一种右键菜单方式，是在图形区域内可直接采用的快捷菜单。用户若在命令执行中，则显示该命令的所有选项；若选中实体，则显示该选取对象的编辑命令；若在工具栏或状态栏中，则显示相应的命令和对话框。

（3）工具栏。工具栏就相当于制图人员的工具箱，里面放置了各种常用工具，AutoCAD 设计了 37 组工具栏，工具栏由若干按钮组成，单击某按钮便可完成相应的操作，从而提高绘图的效率。在初始状态下，单栏下显示"工作空间"、"标准"和"特性"三个工具栏，在绘图区左侧的是"绘图"工具栏，右侧的是"修改 1"工具栏，单击某一个按钮就可以完成单击若干次菜单才能完成的操作，这为提高绘图效率提供了方便。

（4）面板。在面板中，用户可以直接选择需要的工具按钮、选择选项、输入参数进行设置，通过如图 3-2 所示方式可以打开如图 3-3 所示的"面板"，初始状态下该面板位于绘图窗口与"修改"工具栏之间。

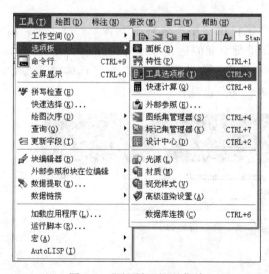

图 3-2　"选项板"级联菜单

图 3-3　工具选项板

(5) 状态栏。状态栏位于软件用户界面的最下面,如图 3-4 所示。它显示当前光标的坐标、正交模式、栅格捕捉、栅格显示等信息以及当前的作图空间。

图 3-4　状态栏

当用户将光标置于绘图区域时,在状态栏左边的坐标显示区域将显示当前光标的坐标值;当用户将光标指向菜单项或者工具栏上的按钮时,状态栏将显示相应菜单项或按钮的功能提示。

状态栏中间的 8 个按钮指示并控制用户的不同工作状态。按钮有两种显示状态:凸出和凹下。按钮凹下表示相应的设置处于打开状态,关于捕捉、栅格等将在下文具体讲述,这里仅介绍几个简单的命令。

①"注释比例:1∶1"注释比例: 1:1▼ :单击可以选择不同的注释比例。

② 注释可见性 :单击将显示所有比例的注释性对象。

③ 自动比例更改显示注释 :单击将在注释比例更改时自动将比例应用到注释性对象上。

④ 工具栏/窗口锁定 :单击可以决定图形工具栏和通信工具显示内容。

⑤ 全屏显示 :单击可以最大化图形窗口,再次单击将恢复现状。

(6) 绘图区。AutoCAD 界面上最大的空白窗口便是绘图区。在绘图区右边和下面有两个滚动条,用户可利用它进行视图的上下或左右移动,观察图纸的任意部位。在软件绘图区左下角是图纸空间与模型空间的切换按钮,用户可在这两种模式之间切换,具体概念及操作见第十一章。

(7) 命令行窗口。软件的命令行窗口位于绘图窗口下方状态栏的上面,如图 3-5 所示。命令行窗口是用户与 AutoCAD 进行交互的地方,用户输入的信息在这里显示,系统出现的信息也在这里显示。命令行不但是命令选择的地方,也是具体输入参数的地方。菜单栏和工具栏中各命令的参数输入大部分也是在这里完成的。

图 3-5　命令行窗口

第二节　AutoCAD 文件操作

在 AutoCAD 中,可以创建、打开、保存、查找文件,虽然这些基本操作以 Windows 为基础,但还是具有一些独特的特点,在此需要加以说明。AutoCAD 可以进行基本操作的文件类型主要分为 4 类:

(1) dwg. 图形文件。用来保存用户绘制图形的所有内容。

(2) dwt. 图形样板文件(包含标准设置)。用来保存用户预先绘制和定义的内容。

(3) dxf. 图形交换格式文件。这是图形文件的二进制或 ASCII 表示法。它通常用于在其他 CAD 程序之间共享图形数据。

(4) dws。标准文件,用来保存定义图层特性、标注样式、线型和文字样式。

一、创建新图形

一般来说,创建新图形有两种方式:一种是按照软件提供的"选择样板"对话框创建;另一种是按照以前版本的"启动"对话框创建。

1. 采用选择样板方式启动

在 AutoCAD 中,有三种方式可以启动"选择样板"对话框:

(1) 菜单: 文件→新建。

(2) 工具栏:"标准"工具栏→新建按钮 🗋。

(3) 命令行: NEW 或 QNEW。

系统将弹出如图 3-6 所示的对话框。

在这个对话框中,用户可以选择系统提供的样板文件作为基础创建图形,也可以按照不同的单位制度从空白文档开始创建。

2. 创建新图形

(1) 利用样板创建图形。软件的样板文件就是图形文件,是根据绘图时要用到的标准来设置的。对于需要的其他样板,如国家标准中的图形样板,可以通过设计中心等高效率工具从其他位置方便、快捷地获取。

(2) 从空白样板开始创建。样板列表中包含两个空白样板,分别为 acad. dwt 与 acadiso. dwt。这两个样板不包含图框和标题栏。acad. dwt 样板为英制,图形边界(绘图界限)默认设置成 12in×9in;acadiso. dwt 样板为米制,图形边界默认设置成 420mm×297mm。

用户也可以从"打开(O)"右侧下拉菜单 ▾ 中选取无样板开始创建,如图 3-7 所示,分别选取英制或米制即可。

图 3-6　选择样板方式启动

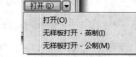

图 3-7　无样板创建新图形

二、打开图形

很多情况下,用户需要打开一个已经存在的图形进行编辑。基本的启动方式有两种:完全打开和局部打开。

1. 完全打开

完全打开文件的方法如下:

(1) 菜单: 文件→打开。

(2) 工具栏:"标准"工具栏→打开按钮。

(3) 命令行: OPEN。

OPEN 命令执行后,弹出"选择文件"对话框,如图 3-8 所示。

这个对话框基本同"选择样板"对话框一样,只是打开的是一个.dwg 图形文件,但多了几个不同选项。

(1) 选择初始视图。如果图形包含多个命名视图,选中该复选框,则在打开图形时显示指定的视图。单击"打开(O)"按钮,系统将弹出如图 3-9 所示的对话框,从中选择一个视图后,将只显示该视图。

(2) 以只读方式打开文件。"打开(O)"下拉菜单与"选择样板"对话框不同,"以只读方式打开"如图 3-10 所示。选择"以只读方式打开(R)"菜单项,则图形文件将以只读方式打开,可以有效保护图形文件被意外改动。

2. 局部打开图形

局部打开的图形可以是以前保存的某一视图中的图形,也可以是部分图层上的图形,

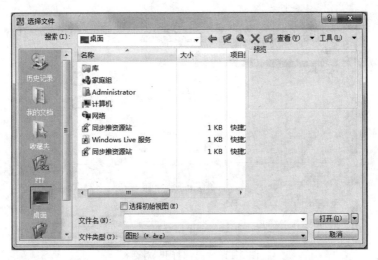

图 3-8　"选择文件"对话框

图 3-9　"选择初始视图"对话框

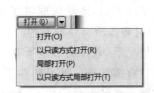

图 3-10　以只读方式打开

还可以是由用户所选择的图形。一旦使用局部打开方式打开图形,则可以使用局部装入功能按照给定的视图或图层继续装入图形的其他部分。

　　打开"选择文件"对话框中的"打开(O)"下拉菜单,如图 3-10 所示,执行"局部打开(P)"菜单命令,软件将显示如图 3-11 所示的"局部打开"对话框。

　　(1) 加载视图中的几何图形。在局部加载图形时,只能加载模型空间中的视图。如果要加载图纸空间中的几何图形,可通过加载这些图形所在的层来实现。

　　软件在"要加载几何图形的视图"选项区域中的视图列表显示所选图形中全部可用的模型空间视图。如果选择了某个视图,软件将该视图添加到视图名称文本框中。在默认情况下,AutoCAD 加载"范围"视图中的几何图形。

　　(2) 加载图层中的几何图形。软件将所选图形中的全部层显示在"要加载几何图形的图层"列表框中,用户可单击需要被加载图层的"加载几何图形"列将该层选定,并可以通过"全部加载(L)"和"全部清除(C)"按钮来全选或全部取消图层的选择,部分加载后,

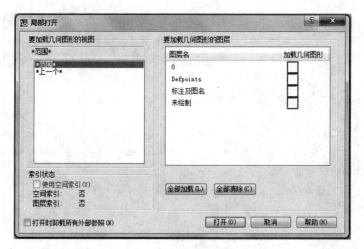

图 3-11 "局部打开"对话框

只有所选图层上的几何图形被加载。

3. 索引状态

在该选项区域中,软件显示当前所选图形中是否含有空间索引或图层索引。如果图形中不包含空间索引,该复选框将变灰而不能使用。

4. 打开时卸载所有外部参照

在默认情况下,软件会加载所有的外部参照。但是,如果选中了复选框,那么在局部打开图形时只有那些选定的外部参照被加载并被绑定到局部打开的图形中。

选择完要加载的部分图形后,单击"打开(O)"按钮即可将所选图形加载进来。此后,可以使用 PARTIALOAD 命令将未加载进来的图形加载进局部打开的图形中。

如果选择"以只读方式局部打开(T)"菜单项,则打开的部分被保护。

三、保存图形

AutoCAD 提供了 SAVE、QSAVE 和 SAVEAS 三种文件保存方式。

1. 使用 SAVE 命令

• 命令行: SAVE↙

SAVE 命令以图形的当前文件名或新文件名保存图形,每次执行 SAVE 命令均显示"图形另存为"对话框。SAVE 命令只能在命令行调用。

2. 使用 QSAVE 命令

• 菜单: 文件→保存。

• 工具栏: "标准"工具栏→保存按钮🖫。

• 命令行: QSAVE。

如果在执行 QSAVE 命令之前还没有保存过当前编辑的图形,则软件会弹出"图形另存为"对话框,否则,QSAVE 命令以当前的文件名直接保存图形。

3. 使用 SAVEAS 命令

- 菜单:文件→另存为。
- 命令行:SAVEAS。

SAVEAS 命令的功能类似于 SAVE 命令。

这三个命令均使用"图形另存为"对话框,该对话框如图 3-12 所示。软件还提供了"立即更新图纸并查看缩略图(U)"复选框,不选中该复选框将保存文件而不更新缩略图,选中该复选框将更新所有缩略图。单击"保存"按钮,完成文件保存。

图 3-12　"图形另存为"对话框

第三节　精确绘图辅助工具

精确绘图主要有命令行操作、状态条操作、快捷菜单和功能键等方式,建议用户使用状态条方式。状态条中列出了有关的系统工作状态,如图 3-13 所示,单击相应按钮可以完成该状态的开/关切换。

图 3-13　精确绘图辅助状态条

一、正交绘图

正交模式决定着光标只能沿水平或垂直方向移动,所以绘制的线条只能是完全水平或垂直的。这样无形中增加了绘图速度,免去了自己定位的麻烦。

1. 启动

- 命令行:ORTHO。
- 状态条:"正交"按钮 正交 。
- 功能键:F8。

2. 操作方法

命令:ORTHO↙

输入模式[开(ON)/关(OFF)]<当前值>:

在提示中输入"ON"或"OFF",将打开或关闭正交绘图模式。

【注意】

(1)当坐标系旋转时,正交模式做相应旋转。

(2)光标离哪根轴近,就沿着哪根轴移动。当在命令行输入坐标或指定对象捕捉时,软件会忽略正交模式。

二、捕捉光标

捕捉是软件提供的一种定位坐标点的功能,它使光标只能按照一定间距的大小移动。捕捉功能打开时,如果移动鼠标,十字光标只能落在距该点一定距离的某个点上,而不能随意定位。

1. 启动

- 命令行:SNAP。
- 状态条:"捕捉"按钮 捕捉 。
- 功能键:F9。

2. 操作方法

命令:SNAP↙

指定捕捉间距或[开(ON)/关(OFF)/纵横向间距(A)/样式(S)/类型(T)]<10.0000>:

(1)捕捉间距。在提示中直接输入一个捕捉间距的数值,软件将使用该数值作为 X 轴和 Y 轴方向上的捕捉间距进行光标捕捉。系统默认值是 10。

(2)开/关。在提示中输入"ON"/"OFF",打开/关闭捕捉功能。

(3)纵横向间距。在提示下输入"A",软件提示用户分别设置 X 轴和 Y 轴方向上的捕捉间距。如果当前捕捉模式为"等轴测",则不能分别设置。

(4)样式。在提示中输入"S",软件提示如下:

输入捕捉栅格类型[标准(S)/等轴测(I)]<当前值>:

① 标准模式下, X 和 Y 的间距可以不同。

② 等轴测模式下,软件显示等轴测栅格。

(5) 类型。在提示中输入"T",软件提示如下:

输入捕捉类型 [极轴 (P) /栅格 (G)]<当前值>:

① 极轴捕捉类型,将捕捉设置成与极轴追踪相同的设置。

② 栅格捕捉类型,将捕捉设置成与栅格相同的设置。

【注意】

(1) 捕捉栅格的改变只影响新点的坐标,图形中已有的对象保持原来的坐标。

(2) 透视视图下捕捉模式无效。

三、栅格功能

显示栅格的目的仅仅是为绘图提供一个可见参考,它不是图形的组成部分,因此,在输出图形时并不会打印栅格。

1. 启动

- 命令行:GRID。

- 状态条:"栅格"按钮 栅格 。

- 功能键:F7。

2. 操作方法

命令:GRID ↙

指定栅格间距 (X) 或 [开 (ON) /关 (OFF) /捕捉 (S) /主 (M) /自适应 (D) /界限 (L) /跟随 (F) /纵横向间距 (A)]<当前值>:

(1) 栅格间距。在提示中直接输入栅格显示的间距,如果数值后跟一个 X,可将栅格间距设置为捕捉间距的指定倍数。系统默认值是 10。

(2) 开/关。在提示中输入"ON"或"OFF",可以打开/关闭栅格。

(3) 捕捉。在提示中输入"S",或在快捷菜单中选择"捕捉(S)"菜单项,将栅格间距设置成当前的捕捉间距。

(4) 主。指定主栅格线与次栅格线比较的频率。

(5) 自适应。控制放大或缩小时栅格线的密度。输入 D ↙ 后,系统提示如下:

打开自适应行为 [是 (Y) /否 (N)]<是>:(输入 Y 或 N) ↙ (限制缩小时栅格线或栅格点的密度)。

系统将继续提示:

允许以小于栅格间距的间距再拆分 [是 (Y) /否 (N)]<是>:

如果打开，则放大时将生成其他间距更小的栅格线或栅格点。这些栅格线的频率由主栅格线的频率确定。

（6）界限。显示超出 LIMITS 命令指定区域的栅格。

（7）跟随。更改栅格平面以跟随动态 UCS 的 XY 平面。

（8）纵、横向间距。在提示中输入"A"，软件会提示用户分别设置栅格的 X 向间距和 Y 向间距。如果输入值后有 X，则软件将栅格间距定义为捕捉间距的指定倍数。如果捕捉样式为等轴测，则不能分别设置 X 和 Y 方向的间距。

【注意】

（1）如果栅格间距太小，图形将不清晰，屏幕重画非常慢。

（2）栅格仅显示在图形界限区域内。

四、对象捕捉

使用 AutoCAD 提供的对象捕捉功能可以在对象上准确定位某个点，这种方法不必知道坐标或绘制构造线。绘图时需要使用到已经绘制的图形上的几何点时，对象捕捉尤其显得重要。

目标捕捉是用来选择图形的关键点的，如端点、中点、中心点、节点、象限点、交点、插入点、垂足、切点、最近点、外观点等。

目标捕捉模式的设定可以通过如下方法进行：

- 状态栏："对象捕捉"按钮 对象捕捉 。
- 命令行：在点输入提示下输入关键字，如 MID、CEN、QUA 等。
- 命令行：执行 OSNAP 命令，或在点提示下透明执行这个命令，弹出"草图设置"对话框，从而对关键点进行设置。
- 菜单：工具→草图设置。

弹出"草图设置"对话框，如图 3-14 所示，从中选取目标捕捉关键点。

五、极轴追踪

极轴追踪用来按照指定角度绘制对象。当在该模式下确定目标点时，光标附近将按照指定的角度显示对齐路径，并自动在该路径上捕捉距离光标最近的点。

1. 启动

- 状态栏："极轴"按钮 极轴 。
- 功能键：F10。

2. 设置

用户可以在"草图设置"对话框的"极轴追踪"选项卡中设置该功能，如图 3-15 所示。其中可以进行以下设置：

图 3-14 "草图设置"对话框的"对象捕捉"选项卡

图 3-15 "草图设置"对话框的"极轴追踪"选项卡

(1) 确定是否启用极轴追踪。选中"启用极轴追踪(F10)(P)"复选框即可。

(2) 设置极轴角。在"增量角"下拉列表中可以选择或者输入增量角度,极轴将按此追踪。例如,如果选择 90°,则系统将按照 0°、90°、180°、270°方向指定目标点位置。另外,可以设置附加追踪角度。选中"附加角(D)"复选框,可以通过"新建(N)"按钮创建新的一些角度,使用户可以在这些角度方向上指定追踪方向。该角度最多有 10 个。

(3)设置对象捕捉追踪方式。选中"仅正交追踪(L)"单选项,则只在水平与垂直方向上显示相关提示,其他增量角和附加角均无效。选择"用所有极轴角设置追踪(S)",所有增量角和附加角均有效。

(4)设置及轴角测量。"绝对(A)"方式以当前坐标系为基准计算极轴追踪角。"相对上一段(R)"方式以最后创建的两个点的连线作为基准。

六、自动捕捉与自动追踪

用户可以在"选项"对话框的"草图"选项卡中设置自动捕捉功能,如图 3-16 所示。

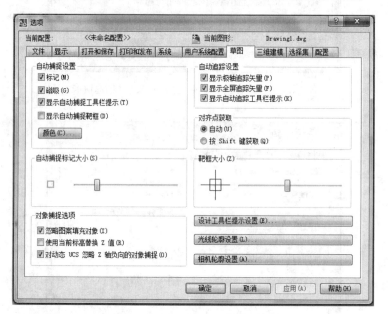

图 3-16　自动捕捉功能设置

有关自动捕捉内容的具体含义如下:

(1)标记。当用户将光标移动到一个对象上的某一捕捉点时,软件会用一个几何符号显示捕捉到的点的位置。

(2)磁吸。磁吸功能打开后,软件自动将光标锁到与其最近的捕捉点上。此时,光标只能在捕捉点之间移动。

(3)显示自动捕捉工具栏提示。软件在对象上捕捉到点后,会在光标处显示文字,提示用户捕捉到的点的类型。

(4)显示自动捕捉靶框。选择它,软件在捕捉对象点时以光标中心点为中心,显示一个小正方形,即靶框。

(5) 颜色。通过该按钮可以选择捕捉标记框的显示颜色。

(6) 自动捕捉标记大小。通过拖动滑块可以设置捕捉标记的大小。

另外,在图 3-16 中还可以设置自动追踪:

(1) 显示极轴追踪矢量。选择该选项,当极轴追踪打开时,将沿指定角度显示一个矢量。使用极轴追踪,可以沿角度绘制直线。极轴角是 90°的约数,如 45°、30°和 15°。

(2) 显示全屏追踪矢量。选择此选项,软件将以无限长直线显示对齐矢量。

(3) 显示自动追踪工具栏提示。选择该选项,工具栏提示作为一个标签显示追踪坐标。

(4) 对齐点获取。控制在图形中显示对齐矢量的方法,有以下两种:

① 自动获取。当靶框移到对象捕捉上时,自动显示追踪矢量。

② 用 Shift 键获取。当按 Shift 键并将靶框移到对象捕捉上时,显示追踪矢量。

(5) 靶框大小。选择它,可以调整靶框显示的尺寸大小。

七、动态输入

在有些情况下,绘制的图形元素上会出现一些提示、数据输入框、选项等,这与前文中介绍的通过命令窗口输入有很大区别,这里称之为动态输入。

动态输入在光标附近提供了一个命令界面,以帮助用户专注于绘图区域。动态输入不会取代命令窗口。

1. 启动

• 状态栏:“DYN”按钮 DYN 。

• 功能键:F12。

2. 设置

用户可以在“草图设置”对话框的“动态输入”选项卡中设置该功能,如图 3-17 所示。在“DYN”按钮上点击鼠标右键,然后选择“设置”菜单项,可以打开该对话框,以控制启用动态输入时每个组件所显示的内容。

动态输入有 3 个组件:指针输入、标注输入和动态提示。

(1) 指针输入。当启用指针输入且有命令在执行时,十字光标的位置将在光标附近的工具栏提示中显示为坐标。在该模式下第二个点和后续点的默认设置为相对极坐标,不需要输入@符号。如果需要使用绝对坐标,需要使用“♯”前缀。

(2) 标注输入。启用标注输入时,当命令提示输入第二点时,工具栏提示将显示距离和角度值。

(3) 动态提示。启用动态提示时,提示会显示在光标附近的工具栏提示中。

图 3-17 "动态输入"设置

本 章 练 习

1. 应用栅格功能完成下图。

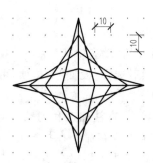

2. 应用捕捉功能根据下列 A 图模型尺寸,完成 B 图的练习。

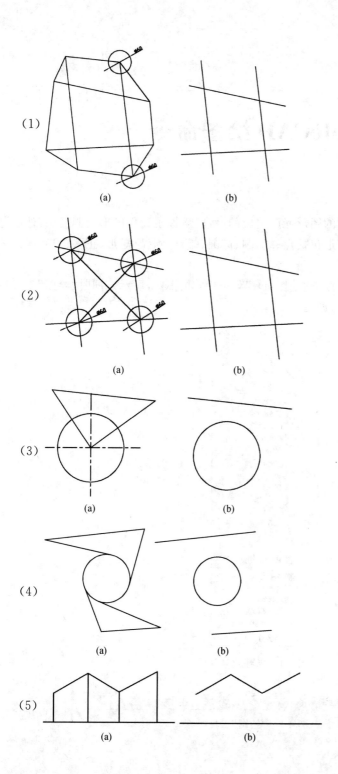

(1)   (a)   (b)

(2)   (a)   (b)

(3)   (a)   (b)

(4)   (a)   (b)

(5)   (a)   (b)

第 四 章

AutoCAD 绘图命令

　　复杂图形是由一系列简单的图形元素组成的,所以掌握了简单图形绘制后,其他问题就迎刃而解了。软件的简单图形包括点、线、圆、椭圆、弧、椭圆弧、矩形、正多边形、修订云线、样条曲线等基本对象。

　　软件将与绘图有关的命令放在"绘图(D)"菜单中,如图 4-1 所示。同时"绘图"工具栏提供了菜单项相应的命令按钮,如图 4-2 所示。

图 4-1 "绘图"菜单栏

图 4-2 "绘图"工具栏

第一节　绘　制　点

　　AutoCAD 提供了 3 种画点方法，分别使用 POINT、DIVIDE 和 MEASURE 命令。用户可以根据屏幕大小或绝对单位设置点样式及其大小。

　　点命令位于"绘图(D)"下拉菜单的"点(O)"子菜单中，如图 4-3 所示。

一、设置点的样式及大小

　　用户可以根据需要在"点样式"对话框中选择点对象的样式和大小。

1. 启动

- 菜单：格式→点样式。
- 命令行：DDPTYPE。

2. 选择点的样式和大小

　　DDPTYPE 命令执行后，软件显示如图 4-4 所示的"点样式"对话框。该对话框中显示出所提供的点样式以及当前正在使用的点样式，用户可以根据需要选择。在点样式列表下，用户可以按照相对于屏幕的大小或按绝对绘图单位设置在绘制时点的大小。

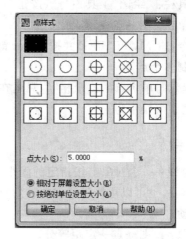

图 4-3　绘制点的菜单栏　　　　　　　　图 4-4　点样式设置

二、绘制点

　　用户可以一次画一个点，也可以一次连续画多个点。

（一）绘制单点

POINT 命令用于在屏幕上画一个点。

1. 启动

- 菜单：绘图→点→单点。
- 命令行：POINT。

2. 绘制单点

在绘制点时，软件首先显示前点的样式和大小，然后提示用户指定要绘制点的坐标。提示如下：

命令：POINT ↙

当前点模式：PDMODE=0 PDSIZE=0.0000
指定点：(使用键盘输入点坐标，也可用鼠标直接在屏幕上拾取点)

（二）绘制多个点

1. 启动

- 工具栏："绘图"工具栏→点按钮 ·。
- 菜单：绘图→点→ 多点。
- 命令行：MULTIPLE 并按 Enter 键，然后在命令行中输入"POINT"命令。

2. 绘制多个点

系统提示与单个点的提示相同，只是在绘制完一点后软件会继续提示用户绘制点，直到按 Esc 键结束操作为止。

三、定距画点

软件允许在一个对象上按指定的间距长度放置一些点，这些点可以作为辅助绘图的点。如果需要，也可以用块代替点并放到对象上。

1. 启动

- 菜单：绘图→点→定距等分。
- 命令行：MEASURE。

2. 操作方法

命令：MEASURE ↙

选择要定距等分的对象：(用鼠标在绘图区域选择要放置点的对象，如直线、圆等)
指定线段长度或 [块 (B)]：(输入等分距离，或用鼠标在屏幕上指定两点来确定长度)

【注意】

（1）被测量的对象可以是直线、圆、圆弧、多段线和样条曲线等图形对象,但不能是块、尺寸标注、文本及剖面线等图形对象。

（2）放置点或块时,将离选择对象点较近的端点作为起始位置。如果用块代替点,那么在放置块的同时其属性被排除。

（3）若对象总长不能被指定间距整除,则选定对象的最后一段小于指定间距数值。

（4）MEASURE 命令一次只能测量一个对象。

四、定数画点

AutoCAD 允许按指定的数目等分一个对象并放置一些点,这些点也可以作为辅助绘图的点。如果需要,也可以用块代替点并放到对象上。

1. 启动

• 菜单：绘图→点→定数等分。
• 命令行：DIVIDE。

2. 操作方法

命令：DIVIDE↙

选择要定数等分的对象：(用鼠标在绘图区域选择要放置点的对象,如直线、圆等)
输入线段数目或 [块(B)]：(输入定距等分的距离值)

【注意】

（1）被等分的对象可以是直线、圆、圆弧、多段线和样条曲线等,但不能是块、尺寸标注、文本及剖面线。

（2）DIVIDE 命令一次只能等分一个对象。

（3）DIVIDE 命令最多能将一个对象等分为 32767 份。

第二节　绘　制　直　线

一、单一直线

线可以是线段也可以是一系列相连线段,但每条线段都是独立的线对象。如果要编辑单个线段,可以使用直线命令。

1. 启动

• 工具栏："绘图"工具栏→直线按钮。
• 菜单：绘图→直线。
• 命令行：LINE。

2. 操作方法

使用 LINE 命令,可以绘制一条直线段或多条首尾相连的直线段。使用时的具体操作如下:

命令:LINE ↙

指定第一点:(在此提示下指定直线的起点)
指定下一点或[放弃(U)]:

在该提示下按回车或 Esc 键可直接结束命令。如果继续输入一点,则将用前一点作为这条直线的起点,以该点作为直线终点绘制直线。在一次操作中输入三个点后,命令行提示如下:

指定下一点或[闭合(C)/放弃(U)]:

在此提示下,可以继续输入直线端点来绘制直线,或者选择"闭合(C)"(输入的最后一点和第一点会被连成一条直线,形成封闭图形,并结束直线绘制)或"放弃(U)"选项。

【注意】

(1)输入线段端点坐标的方法可以是用鼠标在窗口绘图区域中拾取点,或者使用键盘直接键入坐标值。坐标值可分为绝对直角坐标(直接输入点的绝对坐标)、相对直角坐标(输入"@"后再输入相对于前点的坐标距离)、极坐标(输入"@"后再输入相对于前点的角度和距离)。

(2)如果在命令行输入"U",软件会擦去上一次绘制的线段。

(3)在"指定第一点:"提示下按 Enter 键,可以从上次刚画完的线段终点开始画一条新线段。如果上次刚画完的是圆弧,则新线段的起点为圆弧终点并且线段在此点与弧相切。

(4)可以先用鼠标确定直线方向,然后用键盘输入直线长度。

二、射线

射线是只有起点并延伸到无穷远的直线,通常被作为辅助作图线使用。

1. 启动

- 菜单:绘图→射线。
- 命令行:RAY。

2. 操作方法

命令:RAY ↙

指定起点:(指定射线的起始点)
指定通过点:(指定射线通过的点,可以连续键入通过点来画起点相同、方向不同的射线,除非按 Enter 键或 Esc 键结束命令)

三、构造线

构造线是没有始点和终点的无限长直线,也称为参照线。构造线主要用于辅助绘图。

1. 启动

- 工具栏:"绘图"工具栏→构造线按钮 ✐ 。
- 菜单:绘图→构造线。
- 命令行:XLINE。

2. 操作方法

命令:XLINE ↙

指定点或 [水平 (H)/垂直 (V)/角度 (A)/二等分 (B)/偏移 (O)]:

(1) 在该提示下输入一个点,然后直接根据命令行提示输入第二点。

指定通过点:

软件将通过指定两点绘制一条构造线。用户可以通过不断地指定点来绘制相交于所输入的第一点的多条构造线。

(2) 如果要绘制水平/垂直的构造线,可在提示后输入"H"或"V"。

(3) 如果要绘制带有指定角度的构造线,可在提示后输入"A"。命令行提示用户:

输入构造线的角度 (O) 或 [参照 (R)]:

用户可以输入一个角度值,然后指定构造线的通过点,绘制与坐标系 X 轴呈一定角度的构造线。如果要绘制与某一直线成一定角度的构造线,则输入"R",软件会提示选择直线对象,并指定构造线与直线的夹角,然后可以指定通过点绘制构造线。

(4) 如果要绘制平分角度的构造线,可在提示中输入"B"。命令行提示如下:

指定角的顶点:
指定角的起点:
指定角的端点:

依次指定角度的顶点、起点和端点,软件通过指定的端点绘制构造线,该构造线平分起点与顶点和端点与顶点两条连线所夹的角度。

(5) 如果要绘制平行于直线的构造线,可在提示中输入"O"。命令行提示如下:

指定偏移距离或 [通过 (T)]<1.0000>:

指定偏移距离后,软件会提示选择直线对象,并指定构造线相对直线的位置。命令行提示如下:

选择直线对象：
指定向哪侧偏移：

如果输入"T"，软件提示选择直线对象并指定构造线要通过的点。命令行提示如下：

选择直线对象：
指定通过点：

【注意】

除了长短不同外，构造线的特性与射线的特性一致，见射线说明。

四、绘制直线综合例题

用绘制直线和圆的命令绘制如图 4-5 所示的五星旗，其中大五角星外接圆半径为 96，小五角星外接圆半径为 32。

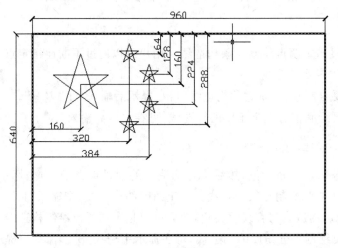

图 4-5   五星旗示例

采用直线和圆命令绘制五星旗可分为以下四个步骤：

1. 绘制矩形外框

命令：LINE ↙

指定第一点：(屏幕上任意一点)
指定下一点或 [放弃(U)]:@960,0
指定下一点或 [放弃(U)]:@0,640
指定下一点或 [闭合(C)/放弃(U)]:@-960,0
指定下一点或 [闭合(C)/放弃(U)]:c↙

2. 绘制辅助圆

为准确定位辅助圆的圆心,可以先用直线命令绘制辅助线,具体命令和操作过程参考
"绘制矩形外框",不再赘述。

命令:CIRCLE↙

指定圆的圆心或 [三点 (3P)/两点 (2P)/相切、相切、半径 (T)]:(打开"对象捕捉",选择已定位的圆
心位置)
指定圆的半径或 [直径 (D)]<默认值>:96(或 32)

3. 绘制辅射线

为了定位五角星的五角位置,可采用射线(或者直线)命令,绘制辅助线,可比较一下
采用直线和射线命令绘制辅助线的区别。

命令:RAY↙

指定起点:(打开"对象捕捉",选择圆心)
指定通过点:@32<18↙
指定通过点:@32<90↙
指定通过点:@32<162↙
指定通过点:@32<-126↙
指定通过点:@32<-54↙

4. 绘制五角星

运用直线命令,从五角星的顶点开始,将每隔 3 条射线的外接圆交点连接起来,就形
成了五角星,如图 4-6 所示。

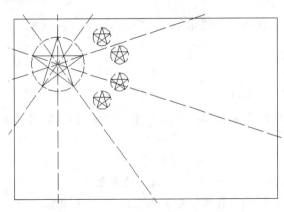

图 4-6　五角星辅助线绘制示例

【注意】

在学会绘制矩形和正多边形后,可尝试用绘制矩形和正多边形的方式来绘制本图,体

会这两种绘制方式的区别。

第三节 绘制圆(弧)和椭圆(弧)

一、圆

AutoCAD 提供了多种绘制圆的方法,并将这些方法放在如图 4-7 所示的"绘图(D)"菜单的"圆(C)"子菜单中。

1. 启动

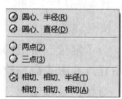

- 工具栏:"绘图"工具栏→圆按钮 。
- 菜单:绘图→圆→画圆选项。
- 命令行:CIRCLE。

2. 操作方法

图 4-7 绘制圆的菜单栏

执行 CIRCLE 命令后,命令行提示如下:

命令:CIRCLE ↙

指定圆的圆心或[三点(3P)/两点(2P)/相切、相切、半径(T)]:

(1) 以"圆心、半径(或直径)"方式画圆。输入或拾取圆心点,系统提示如下:

指定圆的半径或[直径(D)]<默认值>:(用键盘或鼠标指定圆的半径)

直接键入半径数值,或者在提示中输入"D"↙,在命令行输入圆直径,即可完成圆的绘制。

(2) 以"三点"方式画圆。在提示中输入"3P",命令行提示如下:

指定圆上的第一点:
指定圆上的第二点:
指定圆上的第三点:

可输入三点坐标,或者在"捕捉"功能下选择特定三点,软件将通过这三个点绘制一个圆。

【注意】

所选三点不能共线,否则软件会提示指定的点无效。

(3) 以"两点"方式画圆。在提示中输入"2P",命令行提示如下:

指定圆直径的第一个端点:
指定圆直径的第二个端点:

根据提示指定两个端点后,软件以两个端点之间的距离作为圆直径,以两个端点连线的中点作为圆心,绘制一个圆。

(4)"相切、相切、半径(TTR)"方式画圆。在提示中输入"T",命令行提示如下:

指定对象与圆的第一个切点:
指定对象与圆的第二个切点:
指定圆的半径<306.5132>:

根据提示选择与所绘制的圆相切的两个对象,然后指定圆半径,软件将自动计算圆的存在性后,绘制一个圆。

【注意】

如果不止一个圆符合所指定的参数,那么软件将绘制出其切点与选定点最近的圆。

(5)以"相切、相切、相切(TTT)"方式画圆。在确定圆上的三个点时,使用对象捕捉中的切点捕捉方式选择三个与圆相切的对象即可。

二、圆弧

软件提供了很多种画圆弧的方法,内容涉及圆心、半径、起始角和终止角,此外还有顺时针与逆时针的方向区别。如图 4-8 所示为"绘图(D)"菜单中的"圆弧(A)"子菜单。

1. 启动

- 工具栏:"绘图"工具栏→圆弧按钮 。
- 菜单:绘图→圆弧→圆弧选项。
- 命令行:ARC。

2. 操作方法

命令:ARC↙

指定圆弧的起点或[圆心(C)]:

图 4-8　绘制圆弧菜单栏

(1)以"三点"方式画弧。可通过输入或捕捉所画弧的起点、中间任意一点和终点来确定一段弧。具体操作可根据如下命令行提示:

指定圆弧的起点或[圆心(C)]:(拾取起点 1)
指定圆弧的第二点或[圆心(C)/端点(E)]:(拾取点 2)
指定圆弧的端点:(拾取终点 3)

(2)以"起点、圆心、端点"方式画弧。可通过输入或捕捉所画弧的起点、圆心和终点来确定一段弧。具体操作可根据如下命令行提示:

指定圆弧的起点或[圆心(C)]:(拾取起点 1)
指定圆弧的第二点或[圆心(C)/端点(E)]:(键入"C"或在快捷菜单中选择"圆心(C)"菜单项)

指定圆弧的圆心:(拾取中心点 2)

指定圆弧的端点或[角度(A)/弦长(L)]:(拾取终点 3)

该画弧方式还有另外一种顺序,即"圆心、起点、端点",可根据命令行提示自行练习。

(3)以"起点、圆心、角度"方式画弧。可通过输入或捕捉所画弧的起点和圆心,并输入弧心角的角度来确定一段弧。具体操作可根据如下命令行提示:

指定圆弧的起点或[圆心(C)]:(拾取起点 1)

指定圆弧的第二点或[圆心(C)/端点(E)]:(键入"C"或在快捷菜单中选择"圆心(C)"菜单项)

指定圆弧的圆心:(拾取中心点 2)

指定圆弧的端点或[角度(A)/弦长(L)]:(键入"A"或在快捷菜单中选择"角度(A)"菜单项)

指定包含角:(输入圆弧包角角度值)

该画弧方式还有另外一种顺序,即"圆心、起点、角度",可根据命令行提示自行练习。

(4)以"起点、圆心、长度"方式画弧。可通过输入或捕捉所画弧的起点和圆心,并输入弧所对的弦长来确定一段弧。具体操作可根据如下命令行提示:

指定圆弧的起点或[圆心(C)]:(拾取起点 1)

指定圆弧的第二点或[圆心(C)/端点(E)]:(键入"C"或在快捷菜单中选择"圆心(C)"菜单项)

指定圆弧的圆心:(拾取中心点 2)

指定圆弧的端点或[角度(A)/弦长(L)]:(键入"L"或在快捷菜单中选择"弦长(L)"菜单项)

指定弦长:(输入圆弧的弦长)

该画弧方式还有另外一种顺序,即"圆心、起点、长度",可根据命令行提示自行练习。

(5)以"起点、端点、角度"方式画弧。可通过输入或捕捉所画弧的起点和终点,并输入弧心角的度数来确定一段弧。具体操作可根据如下命令行提示:

指定圆弧的起点或[圆心(C)]:(拾取起点 1)

指定圆弧的第二点或[圆心(C)/端点(E)]:(键入"E"或在快捷菜单中选择"端点(E)"菜单项)

指定圆弧的端点:(拾取端点 2)

指定圆弧的圆心或[角度(A)/方向(D)/半径(R)]:(键入"A"或在快捷菜单中选择"角度(A)"菜单项)

指定包含角:(输入圆弧的包角角度)

(6)以"起点、端点、方向"方式画弧。可通过输入或捕捉所画弧的起点和终点,并确定圆弧起点的切线方向来确定一段弧。具体操作可根据如下命令行提示:

指定圆弧的起点或[圆心(C)]:(拾取起点 1)

指定圆弧的第二点或[圆心(C)/端点(E)]:(键入"E"或在快捷菜单中选择"端点(E)"菜单项)

指定圆弧的端点:(拾取端点 2)

指定圆弧的圆心或[角度(A)/方向(D)/半径(R)]:(键入"D"或在快捷菜单中选择"方向(D)"菜单项)

指定圆弧的起点切向:(输入圆弧起点的切线方向)

（7）以"起点、端点、半径"方式画弧。可通过输入或捕捉所画弧的起点和终点，并输入圆弧的半径来确定一段弧。具体操作可根据如下命令行提示：

指定圆弧的起点或 [圆心 (C)]:(拾取起点 1)
指定圆弧的第二点或 [圆心 (C)/端点 (E)]:(键入"E"或在快捷菜单中选择"端点 (E)"菜单项)
指定圆弧的端点:(拾取端点 2)
指定圆弧的圆心或 [角度 (A)/方向 (D)/半径 (R)]:(键入"E"或在快捷菜单中选择"半径 (R)"菜单项)
指定圆弧半径:(输入圆弧的半径大小)

【注意】

（1）系统默认画弧的方向为逆时针方向。如果输入角度值为正，则按逆时针方向画弧；如果输入角度值为负时，则按顺时针方向画弧。

（2）绘制圆弧时，如果输入正弦长或正半径值，则软件绘制 180°范围内的圆弧；如果输入负弦长或负半径值，则画的是大于 180°的圆弧。

（3）在圆弧命令的第一个提示中以 Enter 键响应，则所画新弧与上次画的直线或弧相切。

三、圆环

圆环实际上就是两个半径不同的同心圆之间所形成的封闭图形。

1. 启动
- 菜单：绘图→圆环。
- 命令行：DONUT。

2. 操作方法

要创建圆环，应指定它的内、外直径和圆心。通过指定不同圆心，可连续创建具有相同直径的多个圆环对象，直到按 Enter 键结束为止。绘制圆环的操作过程如下：

命令:DONUT↙

指定圆环的内径<当前值>:(指定圆环内径)
指定圆环的外径<当前值>:(指定圆环外径)
指定圆环的中心点或 (退出):(指定圆环中心位置)

【注意】

（1）绘制圆环时，如果圆环内径值为 0，软件会画一个实心圆。

（2）系统变量 FILLMODE 不同，圆环状态也不同，如图 4-9 中的(a)和(b)、(c)和(d)所示。

四、椭圆(弧)

在软件中可以创建整个椭圆或它的一部分，即椭圆弧。在椭圆中，较长的轴线称为长

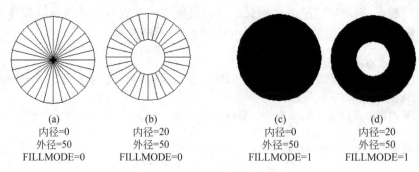

(a)   (b)   (c)   (d)

内径＝0   内径＝20   内径＝0   内径＝20

外径＝50   外径＝50   外径＝50   外径＝50

FILLMODE＝0   FILLMODE＝0   FILLMODE＝1   FILLMODE＝1

图 4-9　圆环的不同状态示意图

轴,较短的轴线称为短轴。在绘制椭圆时,长轴和短轴与定义轴线的次序无关。如图 4-10 所示为"绘图(D)"菜单中的"椭圆(E)"子菜单。

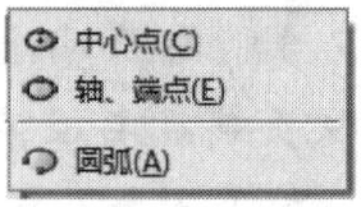

1. 启动

- 工具栏:"绘图"工具栏→椭圆按钮 ◯ 。
- 菜单:绘图→椭圆→椭圆选项。
- 命令行:ELLIPSE ↙

图 4-10　绘制椭圆菜单栏

2. 操作方法

命令:ELLIPSE ↙

(1) 以"轴端点、半轴长(或旋转)"方式画椭圆。可通过输入或捕捉所画椭圆的两个轴端点,再输入椭圆另一条半轴的长度(或者输入绕长轴旋转的角度)来确定椭圆。具体操作可根据如下命令行提示:

指定椭圆的轴端点或[圆弧(A)中心点(C)]:(指定该椭圆一个轴的第一个端点)

指定轴的另一个端点:(指定该椭圆一个轴的第二个端点)

指定另一条半轴长度或[旋转(R)]:(输入半轴长度或用鼠标在绘图区指定另一轴的端点)

在上述提示下,如果输入"R",或在快捷菜单中选择"旋转(R)"菜单项,则软件提示用户:

指定绕长轴旋转的角度:

在该提示下用户输入一个范围为 0.0～89.4°的角度即可。

(2) 以"中心点、轴端点、半轴长(或旋转)"方式画椭圆。可通过输入或捕捉所画椭圆的中心点和某一轴的一个端点,再输入椭圆另一条半轴的长度(或者输入绕长轴旋转的角度)来确定椭圆。具体操作可根据如下命令行提示:

指定椭圆的轴端点或[圆弧(A)中心点(C)]:(输入"C")

指定椭圆的中心点:(用户指定椭圆的中心点位置)

指定轴的端点：(指定椭圆某一个轴的一个端点)

指定另一条半轴长度或[旋转(R)]：

【注意】

（1）软件将椭圆的起点定义在长轴起始点。绘制椭圆弧时,所有角度均从起点按逆时针方向开始计算。

（2）"旋转"方式绘制椭圆是指,以定义的第一条椭圆轴为直径绘制的假想圆,绕该轴沿垂直于绘图平面的方向,按指定角度旋转后,在原平面中得到该圆的椭圆行投影。

（3）绘制椭圆弧。可通过确定椭圆弧的起始和终止角度(或包含角度),结合绘制椭圆的命令来确定相应参数来绘制一段椭圆弧。具体操作可根据如下命令行提示：

指定椭圆的轴端点或[圆弧(A)中心点(C)]：(输入"A")

指定起始角度或[参数(P)]：

指定终止角度或[参数(P)/包含角度(I)]：

输入参数或角度后,就可以绘制一定范围内的椭圆弧。

【注意】

"绘图"工具栏有椭圆弧的快捷按钮 ⟳ ,操作方法与椭圆中的椭圆弧相同。

第四节　绘制矩形和正多边形

一、矩形

1. 启动

- 工具栏："绘图"工具栏→矩形按钮 ▭ 。
- 菜单：绘图→矩形。
- 命令行：RECTANG 或 RECTANGLE。

2. 操作方法

命令：RECTANG ↙

（1）绘制矩形。该命令提供了三种画矩形的方式：对角点、角点＋面积＋长/宽、角点＋长＋宽。

① 以"对角点"方式画矩形。具体操作可根据如下命令行提示：

指定第一个角点或[倒角(C)/标高(E)/圆角(F)/厚度(T)/宽度(W)]：(确定矩形的第一个角点)

指定另一个角点或[面积(A)/尺寸(D)/旋转(R)]：(确定矩形的另一个对角角点)

② 以"角点＋面积＋长/宽"方式画矩形。在确定第一个角点后,根据命令行提示操作如下：

指定另一个角点或[面积(A)/尺寸(D)/旋转(R)]:(输入"A")
输入以当前单位计算的矩形面积<100.0000>:(输入矩形面积值)
计算矩形标注时依据[长度(L)/宽度(W)]<长度>:(确定输入长度或者宽度)
输入矩形长度<10.0000>:(输入长度)

③ 以"角点＋长＋宽"方式画矩形。在确定第一个角点后,根据命令行提示操作如下:

指定另一个角点或[面积(A)/尺寸(D)/旋转(R)]:(输入"D")
指定矩形的长度<10.0000>:(输入长度)
指定矩形的宽度<10.0000>:(输入宽度)

④ 矩形旋转。在绘制矩形命令中,还提供了"旋转(R)"选项,可以改变矩形的放置角度,在确定第一个角点后,根据命令行提示操作如下:

指定旋转角度或[拾取点(P)]<334>:(输入旋转角度或者直接鼠标拾取)
指定另一个角点或[面积(A)/尺寸(D)/旋转(R)]:(指定另一个点)

(2)矩形"倒角"和"圆角"。该命令提供了倒角和圆角的修饰方式,可在启动命令后,根据相应提示进行设置,在"编辑"工具栏中也有相应的快捷按钮,即倒角 ⌐ 和圆角 ⌐。

① "倒角"。

指定第一个角点或[倒角(C)/标高(E)/圆角(F)/厚度(T)/宽度(W)]:(输入 C)
指定矩形的第一个倒角距离<当前值>:(输入第一倒角长度)
指定矩形的第二个倒角距离<当前值>:(输入第二倒角长度)

设置完倒角长度后,可结合上述方法绘制所要求的矩形,此时绘制的矩形的四个角将自动形成倒角。如果设置了长度不等的两个倒角长度,那么软件按顺时针顺序依次把两个倒角的长度赋予首尾相连的两条直线。

② 圆角。

指定第一个角点或[倒角(C)/标高(E)/圆角(F)/厚度(T)/宽度(W)]:(输入 F)
指定矩形的圆角半径<当前值>:(输入圆角半径)

设置完圆角半径后,可结合上述方法绘制所要求的矩形,此时绘制的矩形的四个角将自动形成圆角。

③ 宽度和厚度(三维制图环境下)设置。可在启动命令后,根据相应提示进行设置。

指定第一个角点或[倒角(C)/标高(E)/圆角(F)/厚度(T)/宽度(W)]:(输入 W 或 T)
指定矩形的线宽<当前值>:(输入矩形边框线的宽度或厚度)

确定宽度和厚度后,可结合上述方法绘制所要求的矩形,此时绘制的矩形的四个条边将按设置形成一定的宽度和厚度。

二、正多边形

在 AutoCAD 中,正多边形是具有等边长的封闭多线段,线段数目为 3～1024。用户可通过与假想圆内接或外切的方法来绘制正多边形,如图 4-11 所示;也可以指定正多边形某一边的端点来绘制。

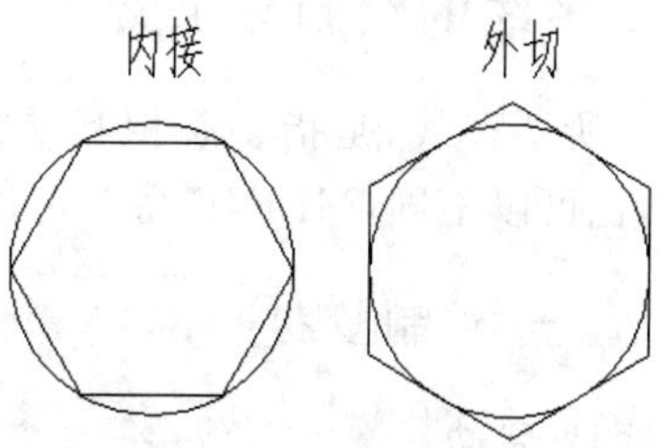

图 4-11　内接与外切多边形

1. 启动

- 工具栏:"绘图"工具栏→正多边形按钮 ⬡。
- 菜单:绘图→正多边形。
- 命令行:POLYGON。

2. 操作方法

POLYGON 命令提供了与辅助圆内接、外切,以及根据"边长＋边数"这三种方式来绘制正多边形。

命令:POLYGON ↙

输入边的数目<4>:(指定多边形的边数)

(1)以内接辅助圆方式绘制正多边形。根据命令行提示操作如下:

指定正多边形的中心点或[边(E)]:(指定正多边形的中心点,即辅助圆圆心)
输入选项[内接于圆(I)/外切于圆(C)]<I>:(输入"I"或在快捷菜单中选择"内接于圆(I)"菜单项)
指定圆的半径:(输入辅助圆的半径)

(2)以外切假想圆方式绘制正多边形。根据命令行提示操作如下:

指定正多边形的中心点或[边(E)]:(指定正多边形的中心点,即辅助圆圆心)
输入选项[内接于圆(I)/外切于圆(C)](I):(输入"C"或在快捷菜单中选择"外切于圆(C)"菜单项)
指定圆的半径:(输入假想圆的半径)

【注意】

使用辅助圆绘制多边形时,辅助圆会自动清除,在"指定圆的半径:"提示下,如果使用键盘输入半径值,则多边形至少有一条边是水平放置的;如果使用鼠标拾取,则多边形的放置方向可随意。

(3)以边长＋边数方式绘制正多边形。根据命令行提示操作如下:

指定正多边形的中心点或[边(E)]:(输入"E")
指定边的第一个端点:(指定多边形某一边的一个端点)
指定边的第二个端点:(指定该边的另一个端点)

第五节 绘制多线和样条曲线

一、多线的绘制与定义

所谓多线,是指多条相互平行的直线,其数目为 1~16 条。这些直线的线型可以相同,也可以不同,MLINE 命令可以同时绘出这些直线。

(一) 绘制多线

1. 启动

在 AutoCAD 中,可以通过下列方式启动多线命令:

- 命令行:MLINE。
- 菜单:绘图→多线。

2. 操作方法

命令:MLINE ↙

启动多线命令后,命令行提示如下:

当前设置:正对=上,比例=20.00,样式=STANDARD
指定起点或[对正(J)/比例(S)/样式(ST)]:

(1) 绘制多线。多线与直线的绘制方式是一样的,可根据命令行提示,指定"起点"、"下一点"……来一段一段地绘制。在此不多介绍,可参阅第四章第二节。

(2) 样式修改。多线的样式要通过 MLSTYLE 命令才能加载和定义,这将在下一部分讲解,这里仅介绍对已定义的样式如何进行更换和调整。MLINE 命令提供了"对正(J)"、"比例(S)"和"样式(ST)"三个修改方式。

① 对正(J):指光标在绘制多线时的位置。根据命令行提示,键入"J"并按 Enter 键,将出现如下提示:

输入对正类型[上(T)/无(Z)/下(B)]<上>:

"上"、"无"、"下"三个选项分别指从左往右绘制时,光标将随多线的上端、中间和下端移动,而从右往左时,光标移动的位置相反。

② 比例(S):指多线相对于样式库中已定义的多线的比例因子。根据命令行提示,键入"S"并按 Enter 键,将出现如下提示:

输入多线比例<20.00>:(输入新的比例因子值,其中 20.00 是默认的比例因子值)

③ 样式(ST):指所需绘制多线的线型样式。根据命令行提示,键入"ST"并按 Enter 键,将出现如下提示:

输入多线样式名或[?]:(输入样式名称,若输入"?",软件将打开当前已加载的多线样式列表)

修改好多线的绘制样式后,可根据命令行提示继续绘制多线。

(二)定义多线样式

1. 启动
激活该命令可以通过下列方式:
- 菜单:格式→多线样式。
- 命令行:MLSTYLE。

2. 操作方法
命令:MLSTYLE↙

激活该命令后,弹出如图 4-12 所示的"多线样式"对话框。

图 4-12 "多线样式"对话框

此对话框中大部分按钮是常规含义,在此不多解释,可根据提示一步一步操作,需要重点说明的是"加载"和"新建",其作用及含义分别如下:

(1)加载。从多线库文件中加载已定义的多线。单击"加载(L)…"按钮,弹出如图 4-13 所示的"加载多线样式"对话框。选择样式或者样式文件即可。

(2)新建多线样式。单击"新建(N)…"按钮,弹出如图 4-14 所示的"创建新的多线样式"对话框。在"基础样式(S)"列表中选择一个样式作为参照,然后在"新样式名(N)"文本框中输入样式名称,单击"继续"按钮,弹出如图 4-15 所示的"新建多线样式"对话框,利用该对话框可以定义多线样式。

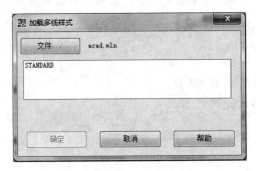

图 4-13　"加载多线样式"对话框

图 4-14　创建新的多线样式对话框

图 4-15　"新建多线样式"对话框

在此需要重点介绍一下控制组成多线图元的功能,它们位于对话框的右侧:

① 图元。包括偏移、颜色、线型,用来显示多线中的每根线相对于多线原点的偏移量、多线的颜色及多线的线型。

② 添加。其功能是给多线中增加新线型(最多为 16 根线)。单击"添加(A)"按钮,然后分别利用"偏移(S)"、"颜色(C)"、"线型"项来定义新增加线型的偏移量、颜色、线型。

③ 删除。其功能是从多线样式中删除当前选取的线。

④ 偏移。其功能是改变当前线的偏移量,把偏移量值输入到对应的框中。

⑤ 颜色。单击"选择颜色"选项,弹出"选择颜色"对话框,从中选取当前多线样式的颜色。

⑥ 线型。单击"线型(Y)…"按钮,弹出"选择线型"对话框,从中选取当前多线样式的线型。

此外,再介绍控制多线特性的选项,它们位于对话框的左侧。

① 显示连接。打开此开关,连续绘出的多线在转折处显示交叉线,否则不显示。

② 封口。在该栏中有直线、外弧、内弧、角度四个选项。前三个选择均对应起点、端点两个选项,角度对应两个输入框,可以在其中输入角度值。下面分别介绍它们的含义:

a. 直线。利用起点和端点开关确定多线在起始端或终止端是否封闭。选择该选项表示封闭,否则,表示不封闭;如果一端选择,另一端未选择,则一端封闭,另一端不封闭。

b. 外弧。其含义与直线相似,只是封闭的方式是向外画弧线。

c. 内弧。其含义与直线相似,只是封闭的方式是向内画弧线。

d. 角度。通过在起点和端点对应的输入框中输入角度值,从而控制多线两端封闭直线或弧线的角度,其有效范围为 $10°\sim170°$。

③ 填充。打开此开关,绘制多线时,软件会用指定的颜色填充所绘制的多线。可通过颜色按钮打开"选择颜色"对话框,选取颜色。填充的多线其必须是封闭的。

【注意】

多线(MLINE)编辑对象不能用 TRIM、EXTEND、FILLET、CHAMFER、OFFSET等常用编辑命令进行修改,必须使用"多线编辑(MLEDIT)",按命令行提示依次选择要编辑的多线。

二、样条曲线的绘制与编辑

样条曲线是由多条线段光滑过渡组成的。AutoCAD 可以进行样条曲线绘制与编辑。

(一)绘制样条曲线

1. 启动

激活该命令有以下几种方式:

• 工具栏:"绘图"工具栏→样条曲线按钮。

- 命令行：SPLINE。

2. 操作方法

命令：SPLINE↙

（1）绘制样条曲线。可在激活该命令后，根据命令行提示操作：

指定第一个点或[对象(O)]：(输入样条曲线的起点)
指定下一点：(确定下一点 2)
指定下一点或[闭合(C)/拟合公差(F)]＜起点切向＞：

在此提示中有三种选项，分别说明：

① 起点切向。在提示下输入样条曲线上的一系列点，输入完成后，命令行提示如下：

指定起点切向：(通过鼠标制定起始点切线方向)
指定端点切向：(通过鼠标制定终止点切线方向)

② 闭合。绘制封闭的样条曲线，操作步骤如下：

指定下一点或[闭合(C)/拟合公差(F)]（起点切向）：C↙
指定切向：(输入样条曲线在起始点，也就是终止点的切线方向，因为执行该命令后，起始点与终止点重合)

这样就绘制出一条封闭的样条曲线。

③ 拟合公差。所谓拟合公差，是指样条曲线与输入点之间所允许偏移的最大距离。当给定拟合公差时，它所绘出的样条曲线不是都通过输入点，适合拟合点很多的情况。操作步骤如下：

指定下一点或[闭合(C)/拟合公差(F)]＜起点切向＞：F↙
指定拟合公差＜0.0000＞：(输入拟合公差值)

确定好拟合公差后，就可以根据提示与其他选项组合绘制样条曲线。

（2）编辑样条曲线。"样条曲线"的"对象(O)"选项可以将通过 PEDIT 命令编辑的多段线转化为等价的样条曲线。转换过程如下：

命令：SPLINE↙
指定第一个点或[对象(O)]：O↙
选择对象：(选取要转换的样条曲线)
选择对象：(可以继续选取)

（二）样条曲线编辑

1. 启动

激活该命令有以下几种方式：

- 工具栏："修改Ⅱ"工具栏→编辑样条曲线按钮 。
- 命令行：SPLINEDIT。
- 菜单：修改→对象→样条曲线。

2. 操作方法

双击样条曲线对象或样条曲线拟合多段线时，夹点将出现在控制点上，同时显示可选择选项，如图 4-16 所示。

命令行出现与之对应的提示如下：

输入选项 [拟合数据 (F) /闭合 (C) /移动顶点 (M) /精度 (R) /反转 (E) /放弃 (U)]：

【注意】

如果选定样条曲线为闭合，则"闭合（C）"选项变为"打开（O）"。如果选定样条曲线无拟合数据，则不能使用"拟合数据(F)"选项。拟合数据由所有的拟合点、拟合公差以及与由 SPLINE 命令创建的样条曲线相关联的切线组成。

图 4-16　编辑样条曲线选项

这些选项与图 4-14 中的选项是一致的，下面分别进行介绍：

（1）拟合数据。在命令行提示下输入"F"，软件提示如下：

输入拟合数据选项 [添加 (A) /闭合 (C) /删除 (D) /移动 (M) /清理 (P) /相切 (T) /公差 (L) /退出 (X)] <退出>：

① 添加：指在样条曲线中增加拟合点。在命令行提示下输入"A"，软件将继续提示如下：

指定控制点<退出>：(指定控制点或按 Enter 键)
指定新点<退出>：(指定点或按 Enter 键)

选择点之后，SPLINEDIT 将亮显该点和下一点，并将新点置于亮显的点之间。如果在打开的样条曲线上选择第一点，可以选择将新拟合点放置在第一点之前或之后，且系统提示如下：

指定新点或 [在后 (A) /在前 (B)]<退出>：(指定点、输入选项或按 Enter 键)
指定新点<退出>：(指定点或按 Enter 键)

添加该点，然后通过一组新点重新拟合样条曲线。

② 闭合/打开：指闭合打开（或打开闭合）的样条曲线。

a. 闭合。闭合开放的样条曲线，使其在端点处切向连续（平滑）。如果样条曲线的起点和端点相同，则此选项将使样条曲线在两点处都切向连续。

b. 打开。打开闭合的样条曲线，使样条曲线返回到原始状态，起点和端点保持不变，但失去其切向连续性（平滑），该结果恰恰与闭合的作用相反。

③ 删除：指从样条曲线中删除拟合点并且用其余点重新拟合样条曲线。软件提示如下：

指定控制点 (退出)：(指定控制点或按 Enter 键)

④ 移动：指把拟合点移动到新位置。软件提示如下：

指定新位置或[下一个 (N)/上一个 (P)/选择点 (S)/退出 (X)]<下一个>：(指定点、输入选项或按 Enter 键)

a. 新位置：指将选定点移动到指定的新位置。重复前一个提示。
b. 下一个：指将选定点移动到下一点。
c. 上一个：指将选定点移回到前一点。
d. 选择点：指从拟合点集中选择点。系统提示如下：

指定拟合点<退出>：(指定拟合点或按 Enter 键)

e. 退出：返回到"输入拟合数据选项"提示。
⑤ 清理：指从图形数据库中删除样条曲线的拟合数据。清理样条曲线的拟合数据后，将显示不包括"拟合数据(F)"选项的 SPLINEDIT 主提示。
⑥ 相切：指编辑样条曲线的起点和端点切向。软件提示如下：

指定起点切向或[系统默认值(S)]：(指定点、输入选项或按 Enter 键)
指定端点切向或[系统默认值(S)]：(指定点、输入选项或按 Enter 键)

如果样条曲线闭合，提示变为"指定切向或[系统默认值(S)]："。"系统默认值(S)"选项将在端点处计算默认切向。可以指定点或使用切点、垂足对象捕捉模式使样条曲线与现有的对象相切或垂直。
⑦ 公差：指使用新的公差值将样条曲线重新拟合至现有点。软件提示如下：

输入拟合公差<当前>：(输入值或按 Enter 键)

(2) 闭合/打开。同上面的"闭合/打开"。
(3) 移动顶点：指重新定位样条曲线的控制顶点并清理拟合点。同上面的"移动(M)"选项。
(4) 精度：指精密调整样条曲线定义。
(5) 反转：指反转样条曲线的方向。此选项主要适用于第三方应用程序。

第六节　绘制多线段

多段线的一个显著特点就是可以控制线宽，还可以画锥形线、封闭多段线及用不同的方法画多段线弧，而且多段线可以方便地改变形状和进行曲线拟合。

一、绘制多段线

AutoCAD 使用 PLINE 命令绘制多段线,包括直线段部分和弧线段部分,并定义不同线宽。

1. 启动

- 工具栏:"绘图"工具栏→多段线按钮➷。
- 菜单:绘图→多段线。
- 命令行:PL 或 PLINE。

2. 操作方法

命令:PLINE↙

指定起点:(输入多段线的起点)
当前线宽为 0.0000
指定下一个点或[圆弧(A)/半宽(H)/长度(L)/放弃(U)/宽度(W)]:(指定下一点)

该命令绘制直线与圆弧与第四章第二节、第三节介绍的方法基本一致,只是绘制多段直线时,也可以不用拾取多段线的端点,直接输入直线的长度,软件提供了"长度(L)"选项,可以绘制与上一条线段平行的线,可通过鼠标指向改变多线段方向,如果上一条线段为弧线,则此线与弧线相切。在绘制过程中,每条新线段的起点都是上一条线段的终点,只有按 Enter 键命令才结束。

二、控制多段线的宽度

多段线的一个显著特点就是可以控制线宽。当线宽为 0 时,多段线和一般的直线没有区别。要改变多段线的线宽,需要执行相应的多段线命令。当选取起始点后,命令行显示如下提示:

指定下一点或[圆弧(A)/闭合(C)/半宽(H)/长度(L)/放弃(U)/宽度(W)]:w↙
指定起点宽度<0.0000>:(输入起点宽度值)
指定端点宽度<0.0000>:(输入端点宽度值)
指定下一点或[圆弧(A)/闭合(C)/半宽(H)/长度(L)/放弃(U)/宽度(W)]:

当起点和终点宽度不同时,会形成一条锥形线。

除了用"宽度(W)"选项控制线宽外,还可以使用"半宽(H)"选项。"半宽(H)"是指从线中心到线边缘设置多段线的宽度。启用"半宽(H)"和启用"宽度(W)"一样,先激活多段线命令,拾取起点,然后键入"H",就可以分别输入起始和最终的半宽值,再拾取终点,命令就完成了。

三、多段线的分解

若需要编辑多线段中的某一段时,系统提供了 EXPLODE 命令,该命令可以把多段线分解成单个的对象。该命令还适合于由块操作等绝大多由多个对象组合而成的图形,但不适合由外部参照引入的图形。

1. 启动

• 工具栏:"修改"工具栏→分解按钮 。
• 命令:X 或 EXPLODE。
• 菜单:修改→分解。

2. 操作方法

使用分解命令的步骤如下:

(1) 启动 EXPLODE 命令。

(2) 选取要编辑的多段线(或块图形),则多段线转(块图形)化为独立的线段或弧段。

(3) 如果多段线具有指定的宽度,将出现提示,可以恢复原有状态。要根据具体情况而定,看这个宽度对多段线是否重要。

四、多段线编辑

除了用标准的编辑方法外,还可以使用 PEDIT 命令来编辑多段线,从而打开封闭的多段线,并可以在封闭的多段线中添加线、弧等多段线,还可以改变多段线的形状。

1. 启动

• 工具栏:"修改Ⅱ"工具栏→编辑多段线按钮 。
• 命令:PE 或 PEDIT。
• 菜单:修改→多段线。

2. 操作方法

执行 PEDIT 命令后,命令行提示"选择多段线:",选取所要编辑的多段线。它的编辑选项将根据所选多段线是否闭合而不同。当所选多段线闭合时,命令行提示显示:

输入选项[闭合(C)/合并(J)/宽度(W)/编辑顶点(E)/拟合(F)/样条曲线(S)/非曲线化(D)/线型生成(L)/放弃(U)]:

该命令有 9 个修改选项,下文将逐一进行讲解。

(1) 打开。此选项主要用于打开执行"闭合(C)"命令画出的多段线。如果没有执行"闭合(C)"命令而直接返回起点,"打开(O)"选项将不会有效果。

(2) 闭合。此选项主要用于形成闭合的多段线,如果选取的多段线本来是闭合的,则此选项使多段线被打开。

【注意】

PEDIT 命令中的"闭合(C)"选项和前文中多段线的"闭合(C)"选项略有区别。

(3) 合并。此选项用于在指定的多段线中添加线、弧和别的多短线。

(4) 宽度。此选项用于改变当前多段线的宽度。

(5) 编辑顶点。此选项用于改变多段线的顶点位置,以便改变多段线的形状。进入此状态后,所选多段线的第一个顶点将出现一个×,并在命令行出现如下提示:

[下一个(N)/上一个(P)/打断(B)/插入(I)/移动(M)/重生成(R)/拉直(S)/切向(T)/宽度(W)/退出(X)](N):

① 下一个:用于选择多段线的下一个顶点。

② 上一个:用于选择多段线的上一个顶点,与"下一个"相结合,可选择任意所需的顶点。

③ 打断:用于删除两顶点间的多段线。可在上述提示下输入"B",按回车键,将出现如下提示:

输入选项[下一个(N)/上一个(P)/转至(G)/退出(X)]<N>:

其中,"下一个(N)"和"上一个(P)"的作用与上文所讲一致,"转至(G)"用来执行删除命令,"退出(X)"指退出打断命令。

【注意】

如果在一条闭合的多段线上使用"打断(B)"选项,则将删除闭合段。

④ 插入。此选项用于插入一个新顶点,新顶点插入在当前标有"×"顶点之后。可在上述提示下输入"I",按回车键,将出现如下提示:

指定新顶点的位置:(确定新的顶点)

此时多段线将出现一个新顶点,系统自动退出"插入(I)"命令。

⑤ 移动。此选项用于把多段线的当前顶点移到新的位置。可在上述提示下输入"M",按回车键,将出现如下提示:

指定新顶点的位置:(确定新的顶点)

此时多段线的当前顶点将移到新位置,系统自动退出该命令。

⑥ 重生成。此选项用于重新生成被编辑的多段线。

⑦ 拉直。此选项用于在两顶点间插入一条直线段,并删除原有的若干线段。可在上述提示下输入"S",按回车键,将出现如下提示:

输入选项[下一个(N)/上一个(P)/转至(G)/退出(X)]<N>:

其各项含义请参见"打断(B)"选项。

⑧ 切向。此选项用于在当前点添加一个切线方向。可在上述提示下输入"T",按回车键,将出现如下提示:

指定顶点切向:(拾取一点或输入一个角度)

此时当前点上出现一表示切线方向的箭头。系统自动退出该选项。

⑨ 宽度。此选项用于改变当前顶点后的多段线段的起点宽度、终点宽度。可在上述提示下输入"W",按回车键,将出现如下提示:

指定下一线段的起始宽度<0.0000>:(输入起始点宽度)
指定下一线段的端点宽度<0.0000>:(输入起端点宽度)

以"×"标记为起点的多段线的宽度将会改变。系统自动退出该选项。

⑩ 退出。此选项用于退出编辑顶点模式。只要直接键入"X"就可执行此命令。

(6)拟合。此选项用于把一条直线段转化为曲线段,弧线的端点穿过直线段的端点,每个弧线弯曲的方向依赖于相邻圆弧的方向,因此产生了平滑曲线的效果。

(7)样条曲线。此选项用于把一条直线段转化为一条样条曲线。样条曲线就是只通过起点和终点,中间点只是无限接近的曲线。样条曲线比用拟合生成的曲线更平滑,也更容易控制。

(8)非曲线化。此选项用于删除"拟合(F)"选项和"样条曲线(S)"选项产生的顶点,并使多线段恢复原有的直线段。

(9)线型生成。此选项用于调整线型式样的显示。当用户键入"L"时,系统将提示:

输入多段线线型生成选项[开(ON)/关(OFF)] <OFF>

其中,OFF 为默认值,表明每种线型图案都以每个定点为基点开始绘制,当选择 ON 时,绘制线型图案将不考虑顶点问题。

【注意】

此选项对有锥度的多线段不产生影响。

本 章 练 习

1. 按下列图示要求标注相应的点。

(1)定数等分点。

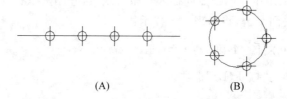

(A)   (B)

（2）定距等分点。

2. 按要求绘制直线。

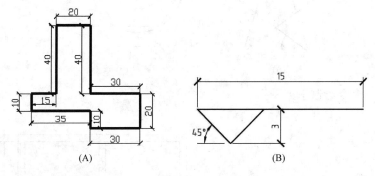

3. 按要求绘制圆或圆弧。

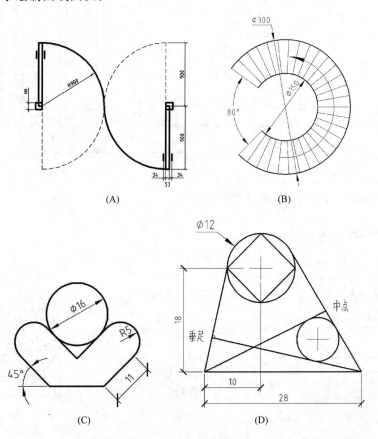

4. 按要求运用多边形命令绘制下列图形。

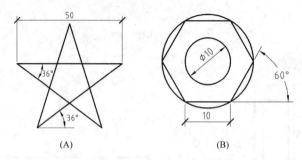

5. 用多线命令绘制下列图形。

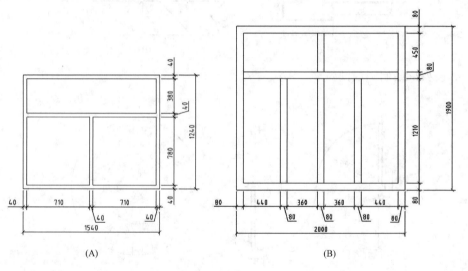

6. 综合运用绘图命令,绘制下列图形。

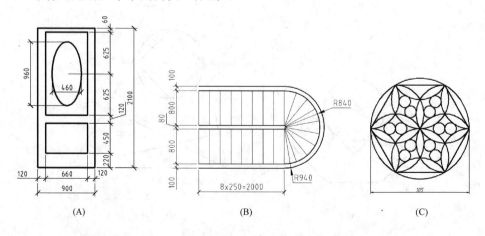

第五章

AutoCAD 编辑命令

一个图纸往往要经过反复修改才能达到用户的要求,所以掌握必要的图形编辑功能必不可少。如果能掌握这些功能,就可以明显提高绘图效率和质量。

AutoCAD 平面图形对象的基本编辑方法包括放弃和重复、删除和恢复、复制、移动、旋转、修剪、延伸、缩放、拉伸、偏移、镜像、打断、阵列、对齐以及倒角、编辑多段线、编辑样条曲线、编辑多线、修改、分解等,有些操作在前面已经讲解过。

为了方便操作,软件将大部分编辑命令集中放置在"修改(M)"下拉菜单中,并提供了"修改"工具栏和"修改Ⅱ"工具栏,"修改"工具栏和"修改Ⅱ"工具栏分别如图 5-1(a)和(b)所示。

(a)"修改"工具栏　　　　　　　　　　(b)"修改Ⅱ"工具栏

图 5-1　"修改"和"修改Ⅱ"工具栏

编辑图形时可以在命令行中直接输入编辑命令,也可以选择下拉菜单的菜单选项或工具栏中的相应按钮。在"修改Ⅱ"工具栏中,有些选项将在后面的章节中讲解,有些已经在前面介绍过,本章主要介绍"修改"工具栏。

第一节　复制处理

一、镜像复制

在绘图过程中常需绘制对称图形,调用镜像命令可以帮助完成该操作。使用 MIRROR 命令,可以围绕用两点定义的轴线镜像对象。镜像作用于与当前 UCS 的 XY 平面平行的任何平面。

1. 启动

• 工具栏:"修改"工具栏→镜像按钮。

- 菜单：修改→镜像。
- 命令行：MIRROR。

2. 操作方法

命令：MIRROR ↙

选择对象：(选取欲镜像的对象)
指定镜像线的第一点：(输入镜像线上的一点)
指定镜像线的第二点：(输入镜像线上的另外一点)
要删除源对象吗？〔是(Y)/否(N)〕<N>:

若直接按 Enter 键,则表示在绘出所选对象的镜像图形同时保留原来的对象;若输入"Y"后再按 Enter 键,则绘出所选对象的镜像同时要把源对象删除掉。

【注意】

当文本属于镜像的范围时,可以有两种结果：一种为文本完全镜像;另一种是文本可读镜像,即对文本的外框进行镜像,文本在框中的书写格式仍然可读。这两种结果可通过系统变量 MIRRTEXT 控制,如果该值为 1,则为文本完全镜像;如果该值为 0,则为文本可读镜像。

二、偏移复制对象

用 OFFSET 命令可以建立一个与原实体相似的另一个实体,同时偏移指定的距离。在 AutoCAD 中,可以偏移的对象包括直线、圆弧、圆、二维多段线、椭圆、椭圆弧、参照线、射线和平面样条曲线。

1. 启动

- 工具栏："修改"工具栏→偏移按钮 。
- 菜单：修改→偏移。
- 命令行：OFFSET。

2. 操作方法

命令行：OFFSET ↙

指定偏移距离或 [通过(T)/删除(E)/图层(L)]<通过>:

（1）若直接输入数值,则表示以该数值为偏移距离进行偏离。此时会有如下提示：

选择要偏移的对象,或 [退出(E)/放弃(U)]<退出>:(选取要偏移的物体)
指定通过点或 [退出(E)/多个(M)/放弃(U)]<退出>:(相对于源对象,指定要偏移的方向)

如果选择"多个(M)"选项,则可以进行多次重复选择。如果要结束命令,可以在"选择要偏移的对象"提示下按 Enter 键退出。

（2）若输入"T"，则表示物体要通过一个定点进行偏移。此时会有如下提示：

选择要偏移的对象，或[退出(E)/放弃(U)]<退出>:(选取对象)

指定通过点或[退出(E)/多个(M)/放弃(u)]<退出>:(点取要通过的点)

（3）若输入"E"，则表示偏移源对象后将其删除。此时会有如下提示：

要在偏移后删除源对象吗？[是(Y)/否(N)]<当前>:(输入 Y 或 N)✓

（4）若输入"L"，则确定将偏移对象创建在当前图层上还是源对象所在的图层上。此时会有如下提示：

输入偏移对象的图层选项[当前(C)/源(S)]<当前>:(输入选项)✓

从中选择即可。

【注意】

（1）执行偏移命令时只能用拾取框选取实体。

（2）对不同图形执行偏移命令，会有不同结果：

① 对圆弧执行偏移命令时，新圆弧的长度会发生变化，但新、旧圆弧的中心角相同。

② 对直线、构造线、射线执行偏移命令时，实际是绘制它们的平行线。

③ 对圆或椭圆执行偏移命令时，圆心不变，但圆半径或椭圆的长轴、短轴会发生变化。

④ 对样条曲线执行偏移命令时，其长度和起始点要调整，从而使新样条曲线的各个端点在源样条曲线相应端点的法线处。

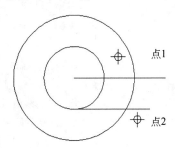

图 5-2　偏移复制的示例

3. 举例

绘制如图 5-2 所示的图形，其中内侧的小圆与穿过其圆心的直线为源图形。其指令参数如下：

命令：OFFSET ✓

当前设置:删除源=是,图层=源,OFFSETGAPTYPE=0

指定偏移距离或[通过(T)/删除(E)/图层(L)]<通过>:50 ✓

选择要偏移的对象，或[退出(E)/放弃(U)]<退出>:(圆)

指定要偏移的那一侧上的点，或[退出(E)/多个(M)/放弃(U)]<退出>:(选择圆外部一点)

选择要偏移的对象，或[退出(E)/放弃(U)]<退出>:(直线)✓

指定要偏移的那一侧上的点，或[退出(E)/多个(M)/放弃(U)]<退出>:(选择直线右侧一点)

指定要偏移的那一侧上的点，或[退出(E)/多个(M)/放弃(U)]<退出>✓

【注意】

（1）关注圆（弧）的偏移与直线偏移的区别，圆（弧）的偏移都是指相对于圆心的偏移，

而直线的偏移则是平行偏移;

（2）图 5-2 中所标注的点 1 为圆偏移所选择的偏移点,而点 2 为直线偏移所选择的偏移点,可见偏移点与最终偏移位置只有方向的关系,而非最终定位。

三、阵列复制对象

在一张图形中,当需要利用一个实体组成含有多个相同实体的矩形方阵或环形方阵时,ARRAY 命令是非常有效的。对于环形阵列,用户可以控制复制对象的数目;对于矩形阵列,用户可以控制行和列的数目、它们之间的距离和是否旋转对象。

1. 启动

• 工具栏:"修改"工具栏→阵列按钮 。

• 菜单:修改→阵列。

• 命令行:ARRAY。

2. 操作方法

阵列复制的具体操作过程如下:

（1）启动命令后,系统将弹出如图 5-3 所示的对话框。

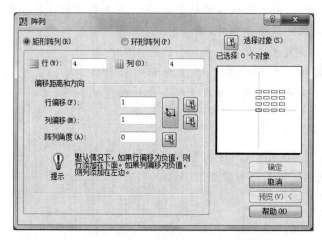

图 5-3　"阵列"复制对话框

（2）选择阵列操作:矩形阵列或者环形阵列。

（3）矩形阵列。系统默认项,其设置值如图 5-3 所示。具体操作如下:

① 单击"选择对象"按钮,选择要进行阵列复制的对象,按 Enter 键结束。

② 在"行（W）"和"列（O）"文本框中输入所需的行数和列数。

③ 在"行偏移（F）"和"列偏移（M）"文本框中输入行间距和列间距。用户可以单击按钮 ,在图形窗口中拖动一个矩形,该矩形的宽、长分别就是行间距和列间距。也可以分

别单击两个文本框右侧的按钮，在图形窗口中拾取两个点，利用两点间距离和方向来确定间距。

④ 在"阵列角度（A）"文本框中输入阵列对象的旋转角度，通常角度为 0。

⑤ 决定各参数后，可以单击"预览（V）"按钮查看结果，系统将弹出如图 5-4 所示的对话框。

图 5-4　矩形列阵预览对话框

如果选择"接受"，则完成阵列；如果选择"修改"，则返回对话框修改参数；选择"取消"则放弃阵列。

【注意】

在矩形阵列中，若行距为正，则由源图向上复制生成阵列，反之，向下复制生成阵列；若列间距为正，则由源图向右复制生成阵列，反之，向左复制生成阵列。

（4）环形阵列。在图 5-3 中选择"环形阵列（P）"方式，对话框如图 5-5 所示。

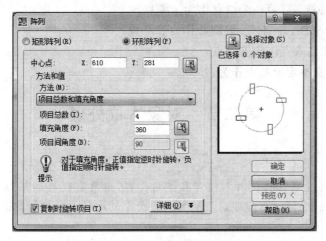

图 5-5　环形列阵复制对话框

具体操作如下：

① 选择对象。

② 在"X"、"Y"文本框中输入环形阵列中心点的坐标值。也可以通过按钮直接在图形窗口中选择。

③ 确定阵列方法。在"方法（M）"下拉列表中提供了三种方法，即项目总数和填充角度、项目总数和项目间的角度、填充角度和项目间的角度。随着选择方法的不同，"方法（M）"下的各参数也分为可用和不可用两种状态。按照方法类型输入不同参数即可：

a．"项目总数（I）"设置在结果阵列中显示的对象数目，默认值为 6。

b．"填充角度（F）"通过定义阵列中第一个和最后一个元素的基点之间的包含角设置阵列大小。逆时针旋转为正,顺时针旋转为负。默认值为 360°,不允许为 0°。

　　c."项目间角度(B)"设置阵列对象基点之间的包含角和阵列的中心。只能是正值,默认方向值为 90°。

　　④ 确定对象是否旋转。选中"复制时旋转项目(T)"复选框,则对象将相对中心点旋转,否则不旋转。

　　⑤ 设置附加选项。在图 5-5 中单击"详细(O)"按钮,该对话框将扩展出如图 5-6 所示的部分。如果选中"设为对象的默认值(D)"复选框,将使用对象的默认基点定位阵列对象。要手动设置基点,可取消此复选框,然后在文本框中输入坐标值即可。

图 5-6　环形列阵旋转设置附加选项对话框

　　软件为每一个对象都规定了唯一的一个参考点,不同对象的参考点如下:

　　a. 直线、轨迹线:取第一个端点作为参考点;

　　b. 圆、圆弧、椭圆、椭圆弧:取圆心作为参考点;

　　c. 块、形:取插入点作为参考点;

　　d. 文本:取文本定位基点作为参考点。

第二节　对象方位处理

一、移动对象

　　为了调整图纸上各实体的相对位置和绝对位置,常常需要移动图形或文本实体的位置,使用 MOVE 命令可以不改变对象的方向和大小就将其由原位置移动到新位置。

1. 启动

・ 工具栏:"修改"工具栏→移动按钮✛。

・ 菜单:修改→移动。

・ 快捷菜单:选择要移动的对象,在绘图区域中点击鼠标右键显示快捷菜单,在快捷菜单中选择"移动(M)"菜单项。

・ 命令行:MOVE。

2. 操作方法

用上述任意一种方式输入,软件将有如下提示:

选择对象:(选取要移动的实体)
指定基点或[位移(D)](位移):

在此提示下,用户可有两种选择:

（1）选取一点为基点，即位移的基点。此时软件将继续提示：

指定第二个点或 (使用第一个点作为位移)：(选取另外一点)

则软件将所选对象沿当前位置按照给定两点确定的位移矢量移动。

（2）直接键入目标参照点相对于当前参照点的位移，此时软件将继续提示：

指定第二个点或 (使用第一个点作为位移)：(选取另外一点)

则软件将所选的对象从当前位置按所输入位移矢量移动。

二、旋转对象

使用 ROTATE 命令，用户可以将图形对象绕某一基准点旋转，改变图形对象的方向。

1. 启动

- 工具栏："修改"工具栏→旋转按钮 ⟳ 。
- 菜单：修改→旋转。
- 命令行：ROTATE。

2. 操作方法

用上述几种方式中任意一种输入后，软件将有如下提示：

UCS 当前的正角方向：ANGDIR=逆时针，ANGBASE=0
选择对象：(选取要旋转的实体)
指定基点：(确定旋转基点)
指定旋转角度，或 [复制 (C)/参照 (R)] <0>：

（1）旋转角度。默认项，用户若直接输入角度值，则软件将所选实体绕旋转基点按指定的角度值绕基点相对于原位置进行旋转。

如果角度值为正，则实体按逆时针方向旋转；如果角度值为负，则实体按顺时针方向旋转。

（2）参照。执行该选项，表示将所选对象以参照方式进行旋转。同时软件将有如下提示：

指定参考角 (0)：(输入参考方向的角度值)
指定新角度：(输入相对于参考方向的角度值)

执行该选项可避免用户进行较为烦琐的计算。实际旋转角度＝新角度－参考角度。

（3）复制。执行该选项，表示将所选对象以复制方式进行旋转，即源对象不动，只旋转复制的副本。同时软件将有如下提示：

旋转一组选定对象。
指定旋转角度，或 [复制 (C)/参照 (R)]<0>：

3. 举例

如图 5-7 所示，对五角星进行旋转 90°的操作，基点为五角星外接圆的圆心点。

其命令如下：

命令：_rotate ✓

命令：_rotate ✓
UCS 当前的正角方向:ANGDIR=逆时针,ANGBASE=0
选择对象:(选择五角星)
选择对象:✓
指定基点:(拾取外接圆圆心)
指定旋转角度,或[复制(C)/参照(R)]<C>:90 ✓

对如图 5-7 所示的五角星进行旋转复制操作,其结果如图 5-8 所示。

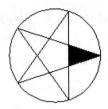

图 5-7　旋转对象案例　　　　　　图 5-8　旋转复制案例

其命令如下：

命令：_rotate ✓

选择对象:(选择五角星)
选择对象:✓
指定基点:(拾取外接圆圆心)
指定旋转角度,或[复制(C)/参照(R)l<C>:C ✓
旋转一组选定对象。
指定旋转角度,或[复制(C)/参照(R)]<C>:90 ✓

三、对齐对象

ALIGN 命令是 MOVE 命令与 ROTATE 命令的组合。使用它,用户可以通过将对象移动、旋转和按比例缩放,使其与其他对象对齐。

1. 启动

• 菜单：修改→三维操作→对齐。

• 命令行：ALIGN。

2. 操作方法

用上述几种方式中任意一种输入命令后,软件将有如下提示：

选择对象:(选取对象)

指定第一个源点:(选择要改变位置的对象上的一点)

指定第一个目标点:(选择第一目标点)

在提示中指定要进行对齐操作的第一对源点和目标点。如果按 Enter 键,则对象从源点移到目标点。

指定第二个源点:

若直接按 Enter 键,所选对象的位置发生平移,已选择的第一点与第一目标点在平移后重合。若选择移动对象上的一点,则软件将有如下提示:

指定第二个目标点:(确定第二目标点)

指定第三个源点或<继续>:

所选对象位置改变,且对象上的第一点与第一目标点重合,对象上的第二点位于第一目标点与第二目标点的连线上。

在上面的提示中,用户可以继续指定第三对对齐点,也可以按 Enter 键使用两对对齐点。如果指定了第三对对齐点的源点,软件提示用户指定第三对对齐点的目标点:

指定第三个目标点:

如果没有指定第三对对齐点的源点,软件提示如下:

是否基于对齐点缩放对象? [是(Y)/否(N)](否):(指定是否进行缩放操作)

第三节　对象变形处理

一、比例缩放

SCALE 命令是一个非常有用的节省时间的命令,它可按照用户需要将图形任意放大或缩 小,而不需重画,但不能改变它的宽高比。

1. 启动

- 工具栏:"修改"工具栏→缩放按钮□。
- 菜单:修改→缩放。
- 命令行:SCALE。

2. 操作方式

命令:SCALE ↙

命令启动后软件会有如下提示:

选择对象:(选取要缩放的对象)

指定基点:(选取基点)

在提示中指定缩放基点,这个基点是指在比例缩放中的基准点。一旦选定基点,拖动光标时图像将按移动光标的幅度放大或缩小,同时命令行出现如下提示:

指定比例因子或[复制(C)/参照(R)]<1.0000>:

下面介绍该提示行中各选项的含义:

(1) 比例因子。此选项默认项,若直接输入比例因子,软件将把所选实体按该比例系数相对于基点进行缩放。

(2) 参照。此选项将所选实体按参照方式缩放。执行该选项时,软件将有如下提示:

指定参照长度<1>:(输入参考长度的值)
指定新长度:(输入新的长度值)

当选择参照时,其提示不同,如下面的例子所示。

在参照模式下进行缩放操作时,将首先根据指定的参照长度和新长度计算缩放比例因子,然后使用现有对象的尺寸作为新尺寸的参照,对图形进行缩放。

(3) 复制。执行该选项,表示将所选对象以复制方式进行缩放,即源对象不动,只缩放复制的副本。同时软件将有如下提示:

缩放一组选定对象。
指定比例因子或[复制(C)/参照(R)]<1.0000>:

(4) 举例。对图 5-9 所示图形缩小一半,可采用以下三种方式。

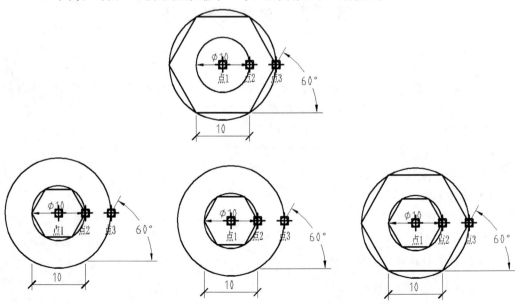

图 5-9　缩放命令三种方式的绘图效果

其指令参数如下：

命令：_scale ↙

选择对象：(选择六边形)
选择对象：↙
指定基点：(拾取圆心)
指定比例因子或 [复制 (C) /参照 (R)]<1.0000>:0.5 ↙

命令：_scale ↙

选择对象：(选择六边形)
选择对象：↙
指定基点：(拾取圆心)
指定比例因子或 [复制 (C) /参照 (R)] <1.0000>:R ↙
指定参照长度<1.0000>:(拾取点 1)
指定第二点：(拾取点 3)
指定新的长度或 [点 (P)] <1.0000>:(拾取点 2)

命令：_scale ↙

选择对象：(选择矩形内部所有图元)
选择对象：↙
指定基点：(拾取圆心)
指定比例因子或 [复制 (C) /参照 (R)]<1.0000>:C ↙
缩放一组选定对象。
指定比例因子或 [复制 (C) /参照 (R)] <1.0000>:0.5 ↙

二、拉伸对象

使用 STRETCH 命令可以在一个方向上按用户所指定的尺寸拉伸图形。但是,首先要为拉伸操作指定一个基点,然后指定两个位移点。

1. 启动
- 工具栏："修改"工具栏→拉伸按钮 。
- 菜单：修改→拉伸。
- 命令行：STRETCH。

2. 操作方法
用上述方式之一输入命令,则软件将有如下提示:

以交叉窗口或交叉多边形选择要拉伸的对象…
选择对象:C ↙
指定第一个角点:(点取虚线所示矩形的右下角)
指定对角点:(点取虚线所示矩形的左上角)

【注意】

一定要使用交叉窗口或交叉多边形选择要拉伸的对象,AutoCAD 移动完全在窗口或多边形内的所有对象。

用窗口选择好对象后,软件会继续提示:

选择对象:

指定基点或[位移(D)]<位移>:(选基点)

(1)基点:如果直接拾取基点,系统将提示选择第二点,并按两点间的矢量距离移动对象。

指定第二个点或(使用第一个点作为位移>:

(2)位移:输入"D",系统会提示:

指定位移(0.0000,0.0000,0.0000):(输入 X、Y、Z 轴位移值)

系统将按照所输入的值拉伸。

【注意】

选取对象时对于由 LINE、ARC、TRACE、SOLID、PLINE 等命令绘制的直线段或圆弧段,若其整个对象均在窗口内,则执行的结果是对其移动;若一端在选取窗口内、另一端在外,则有以下拉伸规则:

① 直线、区域填充。窗口外端点不动,窗口内端点移动。

② 圆弧。窗口外端点不动,窗口内端点移动,并且在圆弧的改变过程中,圆弧的弦高保持不变,由此来调整圆心位置。

③ 轨迹线、区域填充。窗口外端点不动,窗口内端点移动。

④ 多段线。与直线或圆弧相似,但多段线的两端宽度、切线方向以及曲线拟合信息都不变。

⑤ 对于圆、形、块、文本和属性定义,如果其定义点位于选取窗口内,对象则移动,否则不动。圆的定义点为圆心,形和块的定义点为插入点,文本和属性定义的定义点为字符串的基线左端点。

三、拉长对象

使用拉长命令 LENGTHEN 可延伸或缩短非闭合的直线、圆弧、非闭合多段线、椭圆弧和非闭合样条曲线的长度,也可以改变圆弧的角度。

1. 启动

• 菜单:修改→拉长。

• 命令行:LENGTHEN。

2．操作方法

用上述几种方式之一输入命令,软件将有如下提示:

选择对象或[增量(DE)/百分数(P)/全部(T)/动态(DY)]:

(1) 对象。这是默认项,在此提示下选择要查看的对象。每选择一个对象,软件便会提示所选择对象的长度,若是圆弧,还会显示中心角。

(2) 增量。在提示下输入"DE",或在快捷菜单中选择"增量(DE)"菜单项,进入增量操作模式。软件提示如下:

输入长度增量或[角度(A)]<当前值>:

在此提示下,用户可以输入长度增量或角度增量。

① 角度。在提示中输入"A",按回车键,软件将以角度方式改变弧长:

输入角度增量<0>:(输入圆弧的角度增量)
选择要修改的对象或[放弃(U)]:(选取圆弧或输入"U"放弃上次操作)

此时,圆弧按指定的角度增量在离拾取点近的一端变长或变短。若角度增量为正,则圆弧变长;若角度增量为负,则圆弧变短。

② 输入长度增量。此选项为默认项,若直接输入数值,则该数值为弧长的增量。软件将提示:

输入长度增量或[角度(A)]<0.0000>:(选取圆弧或输入"U"放弃上次操作)

此时,所选圆弧按指定弧长增量在离拾取点近的一端变长或变短。如果长度增量为正,则圆弧变长;如果长度增量为负,则圆弧变短。该选项只对圆弧适用。

(3) 百分数。此选项为以总长百分比的形式改变圆弧角度或直线长度。软件将有如下提示:

输入长度百分数<100.0000>:(输入百分比值)
选择要修改的对象或[放弃(U)]:(选取对象或输入"U"放弃上次操作)

此时,所选圆弧或直线在离拾取点近的一端按指定比例值变长或变短。

(4) 全部。输入直线或圆弧的新绝对长度。软件将有如下提示:

指定总长度或[角度(A)]<1.0000>:

① 角度。该选项只适用于圆弧。输入"A",执行该选项时,软件将有如下提示:

指定总角度(57):(输入角度)
选择要修改的对象或[放弃(U)]:(选取弧或输入"U"放弃上次操作)

此时,所选圆弧在离拾取点近的一端按指定角度变长或变短。

② 指定总长度。若直接输入数值,则该值为直线或圆弧的新长度。同时软件将有如下提示:

选择要修改的对象或 [放弃 (U)]:(选取对象或输入"U"放弃上一次的操作)

此时,所选圆弧或直线在离拾取点近的一端按指定的长度变长或变短。

(5)动态。在提示下输入"DY",或在快捷菜单中选择"动态(DY)"菜单项,进入动态拖动操作模式来改变对象的长度。软件提示如下:

选择要修改的对象或 [放弃 (U)]:(选择对象)
指定新端点:

在此提示下,软件根据被拖动的端点的位置改变选定对象的长度。软件将端点移动到所需要的长度或角度,而另一端保持固定。

【注意】

(1)多段线只能被缩短,不能被加长。

(2)直线由长度控制加长或缩短,圆弧由圆心角控制。

四、延伸对象

使用 EXTEND 命令可以拉长或延伸直线或弧,使它与其他对象相接,也可以使它们精确地延伸至由其他对象定义的边界。

1. 启动

- 工具栏:"修改"工具栏→延伸按钮 ┈┤ 。
- 菜单:修改→延伸。
- 命令行:EXTEND。

2. 操作方法

用上述三种方式之一输入命令,软件有如下提示:

当前设置:投影=UCS,边=无
选择边界的边…
选择对象:(选取边界边)
选择要延伸的对象,或按住 Shift 键选择要修剪的对象,或 [栏选 (F)/窗交 (C)/投影 (P)/边 (E)/
放弃 (U)]:

(1)选择要延伸的对象。此选项为默认项。若直接选取实体,软件会把该对象延长到指定的边界边上。

(2)栏选。选择与选择栏相交的所有对象。选择栏是一系列临时线段,它们是用两个或多个栏选点指定的。选择栏不构成闭合环。系统提示如下：

指定第一个栏选点：

指定下一个栏选点或[放弃(U)]：

（3）窗交。选择矩形区域（由两点确定）内部和与之相交的对象。系统提示如下：

指定第一个角点：(拾取点)

指定对角点：(拾取点)

【注意】

某些要延伸的对象的相交区域不明确。通过沿矩形区域以顺时针方向从第一点到遇到的第一个对象，将 EXTEND 融入选择。

（4）投影。确定三维对象的延伸空间。输入"P"，执行该选项，软件将有如下提示：

输入投影选项[无(N)/UCS(U)/视图(V)]<UCS>：

① 无。按三维方式延伸，必须有能够相交的对象。

② UCS。此选项为默认项，在当前 UCS 的 XY 平面上延伸。此时可在 XY 平面上按投影关系延伸在三维空间中不能相交的对象。

③ 视图。在当前视图上延伸。

（5）边。确定延伸的方式。执行该选项时，软件将有如下提示：

输入隐含边延伸模式[延伸(E)/不延伸(N)]<不延伸>：

① 延伸。如果延伸边延伸后不能与边相交，软件会假想将延伸边界延长，使延伸边伸长到与其相交的位置。

② 不延伸。此选项为默认项。按延伸边界与延伸边的实际位置进行延伸。

【注意】

（1）在延伸命令的使用中，可被延伸的对象包括圆弧、椭圆圆弧、直线、开放的二维多段线和三维多段线以及射线，有效的边界对象包括二维多线段、三维多线段、圆弧、圆、椭圆、浮动视口、直线、射线、面域、样条曲线、文字和构造线。如果选择二维多段线作为边界对象，软件将忽略其宽度并将对象延伸到多段线的中心线处。

（2）选取延伸目标时，只能用点选方式，离最近拾取点一端被延伸。

（3）多段线中有宽度的直线段与圆弧会按原倾斜度延伸，如延伸后其末端出现负值，该端宽度为零。不封闭的多段线才能延长，封闭的多段线则不能。宽多段线作边界时，其中心线为实际的边界线。

五、修剪对象

用户操作图形对象时，若要在由一个或多个对象定义的边上精确地剪切对象，逐个剪切显然需要很多时间,修剪命令 TRIM 可以剪去对象上超过交点的部分,可看作 EXTEND 命令的反命令。

1. 启动

- 工具栏:"修改"工具栏→修剪按钮 ⊬⁻ 。
- 菜单:修改→修剪。
- 命令行:TRIM。

2. 操作方法

用上述三种方式之一输入命令,则软件将有如下提示:

当前设置:投影=UCS,边=无

选择剪切边…

选择对象:(选取实体作为剪切边界)

选择要修剪的对象,或按住 Shift 键选择要延伸的对象,或[栏选(F)/窗交(C)/投影(P)/边(E)/删除(R)/放弃(U)]:

(1)选择要修剪的对象。此选项为默认项,选取被修剪对象的被剪切部分。若直接选取所选对象上的某部分,则软件将剪去相应部分。

(2)栏选。选择与选择栏相交的所有对象。其含义与"延伸"命令中的"栏选"一致。

(3)窗交。选择矩形区域(由两点确定)内部和与之相交的对象。其含义与"延伸"命令中的"窗交"一致。

(4)投影。确定三维对象执行修剪空间。其含义与"延伸"命令中的"投影"一致。

(5)边。用来确定修剪方式。其含义与"延伸"命令中的"边"一致。

【注意】

(1)在修剪命令中,可以修剪的对象包括圆弧、圆、椭圆弧、直线、打开的二维和三维多段线、射线、构造线和样条曲线。可以作为剪切边的对象包括直线、弧、圆、椭圆、多段线、射线、构造线、区域填充、样条曲线。

(2)指定被修剪对象的拾取点,决定对象的被剪切部分。

(3)使用修剪命令可以剪切尺寸标注线。

(4)带有宽度的多义线作为被剪切边时,剪切交点按中心线计算,并保留宽度信息,剪切边界与多段线的中心线垂直。

第四节 对象打断与合并

对于建立的连续对象,可以将其打断成多段。而对于不同的对象,则可以合并为一体。打断方式有两种:直接将拾取点之间的部分去掉;在拾取点处断开。

一、打断

使用 BREAK 命令可以把实体中某一部分在拾取点处打断,进而删除。可以打断的对象包括直线、圆、圆弧、多段线、椭圆、样条曲线、参照线和射线。

1. 启动

- 工具栏:"修改"工具栏→打断按钮[ ]。
- 菜单:修改→打断。
- 命令行:BREAK。

2. 操作方法

用上述三种方式之一输入打断命令,则软件会有如下提示:

选择对象:(选取对象)
指定第二个打断点或[第一点(F)]:

此时,可有几种方式输入:

(1) 若直接点取对象上的一点,则将对象上所拾取的两点之间的部分删除。

(2) 若键入"@",则将对象在选取点一分为二。

(3) 若在对象以外的一端方向处拾取一点,则把两个拾取点之间的部分删除。

(4) 若键入"F",软件将有如下提示:

指定第一个打断点:(选取一点)
指定第二个打断点:(选取第二个点)

对三角形执行此命令,AutoCAD 将三角形上在第一个拾取点与第二个拾取点之间沿逆时针方向的边删除。

【注意】

(1) 对于圆或椭圆来说,将从第一点开始沿逆时针打断对象。

(2) 如第二点在对象外部,系统将自动在对象上选择与第二点最近的点作为第二断开点,对象被切除一部分后,不产生新对象。

(3) 可以被拆分为两个对象或删除一部分的对象包括直线、圆弧、圆、多段线、椭圆、样条曲线、圆环等。

打断于点功能是打断功能的特殊情况,它将对象在选择点处直接打断,只需要选择一点即可。在"修改"工具栏中选择按钮[ ]即可。

二、合并

对于圆弧、椭圆弧、直线、多线段、样条曲线和螺旋对象,可以将其合并为一体,但是要合并的对象必须位于相同的平面上。

1. 启动

- 工具栏："修改"工具栏→合并按钮 ✥。
- 菜单：修改→合并。
- 命令行：JOIN。

2. 操作方法

命令：JOIN ↙

系统提示如下：

选择源对象：(选择一个对象)

选择要合并到源的对象：(可选择多个对象)

直接选择即可。

【注意】

(1) 直线对象必须共线，但是它们之间可以有间隙。

(2) 源对象为多段线时，合并对象可以是直线、多段线或圆弧。对象之间不能有间隙，并且必须位于与 UCS 的 XY 平面平行的同一平面上。

(3) 圆弧、椭圆弧对象必须位于同一假想的圆上，但是它们之间可以有间隙。合并两条或多条圆弧时，将从源对象开始按逆时针方向合并圆弧。

(4) 样条曲线和螺旋对象必须相接(端点对端点)。结果对象是单个样条曲线。

第五节 对象倒角

对象倒角操作包括倒圆角和倒棱角(倒角)操作。

一、倒棱角

在绘制工程图纸时，使用 CHAMFER 定义一个倾斜面，可以避免出现尖锐的角。在 AutoCAD 中，可以进行倒角操作的对象包括直线、多段线、参照线和射线。

1. 启动

- 工具栏："修改"工具栏→倒角按钮 ⬱。
- 菜单：修改→倒角。
- 命令行：CHAMFER。

2. 操作方法

用上述几种方式中输入任一命令，则软件将有如下提示：

("修剪"模式)当前倒角距离 1=0.0000,距离 2=0.0000

选择第一条直线或[放弃(U)/多段线(P)/距离(D)/角度(A)/修剪(T)/方式(E)/多个(M)]:

（1）第一条直线。此选项为默认项。若拾取一条直线,则直接执行该选项,同时软件会有如下提示：

选择第二条直线,或按住 Shift 键选择要应用角点的直线：

在此提示下,选取相邻的另一条线,软件就会对这两条线进行倒角,并以第一条线的距离为第一个倒角距离,以第二条线的距离为第二个倒角距离。

【注意】

如果选定对象是二维多段线的直线段,它们必须相邻或只能用一条线段分开。如果它们被另一条多段线分开,执行 CHAMFER 命令将删除分开它们的线段并代之以倒角。

（2）多段线。表示对整条多段线倒角。输入“P”,软件会有如下提示：

选择二维多段线：(选取多段线)

相交多段线线段在每个多段线顶点被倒角。倒角成为多段线的新线段。如果多段线包含的线段过短,以至于无法容纳倒角距离,则不能对这些线段倒角。

（3）距离。确定倒角时的倒角距离。输入“D”,软件将有如下提示：

指定第一个倒角距离<10.0000>：(输入第一条边的倒角距离值)
指定第二个倒角距离<3.0000>：(输入第二条边的倒角距离值)

此时,退出该命令的执行。若要继续进行倒角操作,需再次执行倒角命令。

（4）角度。根据一个倒角距离和一个角度进行倒角。输入“A”,软件会有如下提示：

指定第一条直线的倒角长度(20.0000>：(确定第一条边的倒角距离)
指定第一条直线的倒角角度(0)：(输入一个角度)

此时,结束该命令的执行,需要倒角时再次执行倒角命令。

（5）修剪。确定倒角时是否对相应的倒角进行修剪。输入“T”,软件会有如下提示：

输入修剪模式选项[修剪(T)/不修剪(N)]<修剪>：

① 修剪。倒角后对倒角边进行修剪,为默认项。
② 不修剪。倒角后对倒角边不进行修剪。

（6）方式。确定倒角方式。输入“E”,软件会有如下提示：

输入修剪方法[距离(D)/角度(A)]<角度>：

① 距离。按已确定的两条边的倒角距离进行倒角。
② 角度。按已确定的一条边的距离以及相应角度的方式进行倒角。

【注意】

如果将倒棱角的距离设置成零,则所选两直线段相交。

（7）多个。"多个（M）"选项是 AutoCAD 2008 的新添内容，即给多个对象集加倒角。软件将重复显示主提示和"选择第二个对象："提示，直到按 Enter 键结束命令。

【注意】

如果倒棱角的两个对象具有相同的图层、线型和颜色，则棱角对象也与其相同，否则棱角对象采用当前图层、线型和颜色。

二、倒圆角

使用软件提供的 FILLET 命令，可用光滑的弧把两个实体连接起来。

1. 启动

- 工具栏："修改"工具栏→圆角按钮 。
- 菜单：修改→圆角。
- 命令行：FILLET。

2. 操作方法

用上述几种方式中任意一种输入命令，软件将有如下提示：

当前设置：模式一修剪，半径=0.0000
选择第一个对象或[放弃(U)/多段线(P)/半径(R)/修剪(T)/多个(M)]：

下面介绍提示行中各选项的含义：

（1）多段线。对二维多段线倒圆角。如果输入"P"，软件会有如下提示：

选择二维多段线：(选取多段线)

按指定的圆角半径在该多段线各个顶点处倒圆角。对于封闭多段线，若是用 CLOSE 命令封闭的，则各个转折处均倒圆角；若是用目标捕捉封闭的，则最后一个转折处将不倒圆角。

（2）半径。确定要倒圆角的圆角半径。如果输入"R"，软件将有如下提示：

指定圆角半径<10.0000>：(输入倒圆角的圆角半径值)

（3）修剪。确定倒圆角的方法。该选项与"倒菱角"命令中的"修剪"选项含义一致。

（4）选择第一个对象。该选项与"倒菱角"命令中的"选择第一条直线"选项含义一致，为默认项。

（5）多个。该选项与"倒菱角"命令中的"多个"选项含义一致，为 AutoCAD 2008 新添内容。

【注意】

（1）如果倒圆角的半径太大，则不能进行倒圆角。

（2）对两条平行线倒圆角时，软件自动将倒圆角的半径定为两条平行线间距的。

（3）如果指定半径为零，则不产生圆角，只是将两个对象延长相交。

（4）如果倒圆角的两个对象具有相同的图层、线型和颜色，则圆角对象也与其相同，否则圆角对象采用当前图层、线型和颜色。

（5）图形界限检查打开时，不能给在图形界限之外相交的线段加圆角，只能给多段线的直线线段加圆角。

（6）在修剪模式下，软件倒圆角时会将多余的线段修剪掉，并且两对象不相交时将其延伸以便使其相交；而在不修剪模式下，软件倒圆角时保留原线段，既不修剪也不延伸。

第六节　图　案　填　充

图案填充是指把选定的某种图案填充在指定的范围内。在手工绘图中，填充图案是一项繁重而单调的工作，同一个图案往往要不断重复操作，占用许多时间。AutoCAD 2008 为设计者提供了极大的方便，不但拥有许多种填充图案供选择，而且允许用户根据自己的需要定义填充图案，满足各种要求。

一、边界图案填充

在工程制图中，为了区分不同部分，常需采用不同的图案加以区别。AutoCAD 2008 提供的区域填充命令就可以完成这个任务。

启动边界图案的方法有如下几种：

- 命令行：BHATCH。
- 菜单：绘图→图案填充。
- 工具栏："绘图"工具栏→图案填充按钮 ▨。

1. 图案填充

命令启动后，AutoCAD 弹出"图案填充和渐变色"对话框，如图 5-10 所示是"图案填充和渐变色"对话框中的"图案填充"选项卡。

对话框中的各项内容如下：

（1）类型。设置图案类型。单击输入框右边的下拉箭头，弹出下拉列表，列表中各选项的含义如下：

① 预定义：用 AutoCAD 标准对填充图案文件（acad. pat）中的图案进行填充。

② 用户定义：使用自定义图案进行填充。

③ 自定义：选用 acad. pat 图案文件或其他图案中的图案文件。

（2）图案。填充图案的样式。单击下拉箭头，将出现各样式名下拉列表。

单击"图案（P）"右边的按钮，出现如图 5-11 所示的"填充图案选项板"对话框，显示 AutoCAD 中已有的填充样式。

图 5-10　"图案填充和渐变色"之"图案填充"选项卡

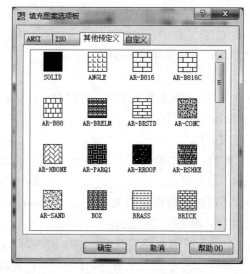

图 5-11　"填充图案选项板"对话框

对话框顶部的四个选项卡含义分别如下：

① ANSI：软件带的全部 ANSI 填充图案。

② ISO：软件带的全部 ISO 填充图案。

③ 其他预定义：除了 ANSI 和 ISO 外，软件带的所有填充图案。

④ 自定义：在已经添加到软件搜索路径中的自定义文件. pat 中的所有填充图案。

（3）样例：显示所选填充对象的图形。

（4）自定义图案：从自定义的填充图案中选取图案。若在类型项中没选取自定义选项，则此选项无效。

（5）比例：确定填充图案的比例值。每种图案的比例值都从 1 开始，用户可以根据需要放大或缩小。该比例值可以在比例输入框中直接输入所确定的比例值。

（6）角度：确定图案填充时的旋转角度。每种图案的旋转角度都从 0°开始，用户可以根据需要在输入框中输入任意值。

（7）相对图纸空间：如果单击该选项，则所确定的图形比例是相对于图纸空间而言的。

（8）间距：确定指定线之间的距离。当在类型中选用自定义时，该选项才以高亮度显示，即可以在间距框中输入相应的值。

（9）ISO 笔宽：根据所选笔宽确定有关图案比例。用户只有在已选取了已定义的 ISO 填充图案后才能确定它的内容，否则，该选项以灰色显示。

（10）图案填充原点：控制填充图案生成的起始位置。某些图案填充（如砖块图案）需要与图案填充边界上的一点对齐。默认情况下，所有图案填充原点都对应于当前的 UCS 原点。

① 使用当前原点：默认情况下，原点设置为(0,0)。

② 指定的原点：指定新的图案填充原点。单击此选项可使以下选项可用：

a. 单击以设置新原点。直接指定新的图案填充原点。

b. 默认为边界范围。根据图案填充对象边界的矩形范围计算新原点。可以选择该范围的四个角点及其中心。

c. 存储为默认原点。将新图案填充原点的值存储在 HPORIGIN 系统变量中。

d. 原点预览。显示原点的当前位置。

（11）添加：拾取点。以拾取点的形式自动确定填充区域的边界。单击该按钮时，软件自动切换到绘图窗口，同时命令行提示"选择内部点："。在希望填充的区域内任意拾取一点，AutoCAD 自动确定包围该点的填充边界，且以高亮度显示。

（12）添加：选择对象。以选取对象的方式确定填充区域的边界。单击该按钮时，软件会自动切换到作图屏幕，并有如下提示：

选择对象：

用户可根据需要选取构成区域边界的对象,并在选择后高亮显示的图案填充边界。

(13) 删除边界:假如在一个边界包围的区域内又定义了另一个边界,若不选取该项,则可以实现两个边界之间的填充,即形成所谓非填充孤岛。若单击该按钮,AutoCAD会自动切换到绘图屏幕,同时给出如下提示:

拾取内部点或[选择对象(S)/删除边界(B)]:B↙
选择对象或[添加边界(A)]:(选取废除"孤岛"对象)
选择对象或[添加边界(A)/放弃(U)]:

执行完以上操作后,AutoCAD会根据用户的设置绘制图形。

(14) 重新创建边界:进行了删除边界等操作后,可以重新创建新的边界。

(15) 查看选择集:查看当前填充区域的边界。单击该按钮时,软件会自动切换到绘图窗口,将所选择的填充边界和对象高亮度显示。若没有先选取填充边界,则该选项灰色显示。

(16) 选项

① 注释性。单击该按钮,可以获取相关信息。

② 关联。控制多个图案填充之间的关系。

③ 创建独立的图案填充。当含有多个图案填充边界时,是否创建独立的填充。

④ 绘图次序。决定图案填充与已有绘图对象之间的关系,如放置在所有对象之后。

(17) 继承特性:选用图中已有的图案作为当前的填充图案。单击该按钮时,AutoCAD返回绘图区域,同时提示选取一个已有的填充图案。选取后,软件返回至如图 5-10 所示的对话框,同时该对话框内会显示刚选取的填充图案的名称和特性参数。

(18) 孤岛显示样式

① 普通。标准的填充方式。

② 外部。只填充外部。

③ 忽略。忽略所选的实体。

(19) 保留边界:根据临时图案填充创建临时边界,并添加到图形中。

(20) 对象类型:控制新边界的类型。同时还可以通过"保留边界(S)"开关按钮确定是否对填充边界进行计算。打开此开关,AutoCAD会对填充区域内的边界进行计算,并将其保存到图形数据库中。打开该开关后,还可通过"对象类型"项来确定边界数据以何种类型保存。单击其右边下拉箭头,弹出包含"多段线"和"面域"两个选项的下拉列表,在这两项中选取边界数据保存类型。

(21) 边界集:在该设置区中,可以通过下拉箭头确定边界设置,也可以通过单击新建图标选取新的边界。单击该图标时,软件将返回到绘图区域。

(22) 预览:预览图案填充。单击该按钮时,软件会自动切换到绘图区域,显示图案填充情况,但并没有真的把该图案填充到图形中。如果想返回,按 Enter 键即可。

另外还可以控制边界图案填充的公差等。

2. 渐变色填充

在 AutoCAD 中,对图案填充方面的内容还提供了"渐变色"选项卡,可以对封闭区域进行适当的渐变填充,形成比较好的修饰效果,如图 5-12 所示。

图 5-12　"图案填充和渐变色"之"渐变色"选项卡

其中各选项的含义如下:

(1) 单色:指定使用从较深着色到较浅色调平滑过渡的单色填充。选择"单色(O)"时,AutoCAD 显示带浏览按钮和色调滑块。其中:

① 单击浏览按钮将显示"选择颜色"对话框,从中可以设置 AutoCAD 索引颜色、真彩色或配色系统颜色。显示的默认颜色为图形的当前颜色。配色系统是新增内容,如图 5-13 所示。使用第三方配色系统(如 Pantone)或用户定义的配色系统指定颜色,选定配色系统后,"配色系统"选项卡将显示选定的配色系统名称。

【注意】

要加载配色系统,请使用"选项"对话框"文件"选项卡上的"配色系统位置"选项。配色系统的默认位置是\support\color。如果没有安装配色系统,则"配色系统(B)"下拉列表不可用。

② 色调滑块指定一种颜色的色调(选定颜色与白色的混合)或着色(选定颜色与黑色的混合)。

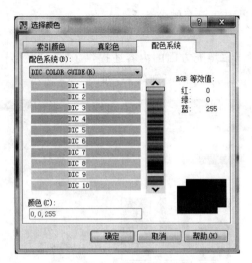

图 5-13　"配色系统"对话框

（2）双色：指定在两种颜色之间平滑过渡的双色渐变填充。选择"双色（T）"时，AutoCAD 分别为颜色 1 和颜色 2 显示带浏览按钮的颜色样本。

（3）居中：指定对称的渐变配置。如果没有选定此选项，渐变填充将朝左上方变化，创建光源在对象左边的图案。

（4）角度：相对当前 UCS 指定渐变填充的角度。此选项与指定给图案填充的角度互不影响。

（5）渐变图案：用于渐变填充的 9 种固定图案，包括线性扫掠状、球状和抛物面状图案等。

在预览图案填充或渐变填充期间，可以点击鼠标右键或按 Enter 键接受预览，不必再返回"边界图案填充"对话框并单击"确定"按钮。如果不想接受预览，可以点击鼠标左键或按 Esc 键返回"图案填充和渐变色"对话框并修改设置。

二、图案填充编辑

1. 编辑填充图案

用户可以通过 AutoCAD 提供的编辑填充图案命令重新设置填充的图案。

启动该命令的方法有如下几种：

- 命令行：HATCHEDIT。
- 菜单：绘图→图案填充。

用上述两种方法之一执行命令后，AutoCAD 会有如下提示：

选择关联填充对象：(拾取要修改的图案)

选取要修改的填充图案后，AutoCAD 弹出如图 5-14 所示的"图案填充编辑"对话框。该对话框中各选项的含义与图 5-10 中同名选项含义相同，用户可以利用该对话框对已有图案进行修改。

图 5-14　"图案填充编辑"对话框

2. 填充图案可见性控制

AutoCAD 控制填充图案可见性的方法有两种：一种是利用 FILL 命令或系统变量 FILLMODE 实现，另一种是利用图层实现。

（1）利用 FILL 命令或系统变量 FILLMODE。将 FILL 命令设为 OFF，或将系统变量 FILLMODE 设为 1，则图形重新生成时所填充的图案将会消失。

（2）利用图层。若填充图案放在单独一层，在不需要显示该图案时，将图案所在层关闭或冻结即可。利用图层控制填充图案的可见性时，不同的控制方法使得填充图案与其边界的关联关系发生变化。当填充图案所在的层关闭，图案与其边界仍保持着关联关系。

边界修改后，填充图案会自动根据新边界进行调整。但若填充图案所在层被冻结，图案与其边界脱离关联关系，则当边界修改后，填充图案不会根据新的边界自动调整。

本 章 练 习

1. 运用复制或方位处理命令绘制下列图形。

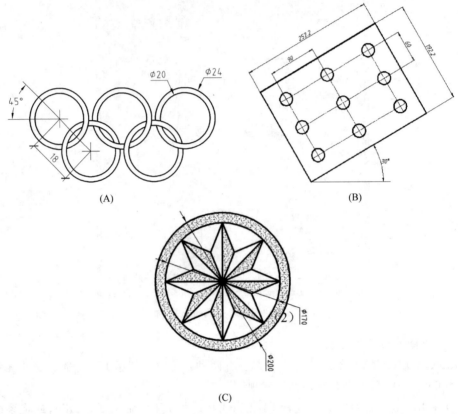

(A)   (B)

(C)

2. 应用复制和对象变形处理命令绘制下列图形。

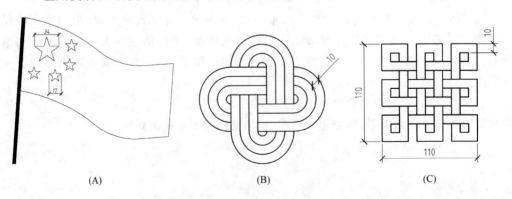

(A)   (B)   (C)

3．应用倒角命令绘制下图。

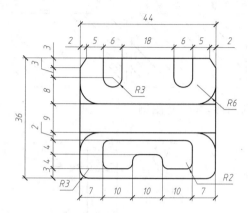

4．应用图案填充命令绘制下列图形。

（1）填充图案 Ansi31，注意角度变化。

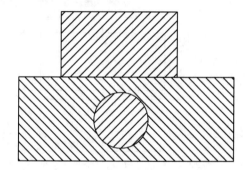

（2）按如下图要求填充三个同心圆。

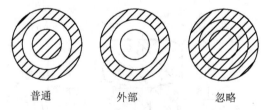

普通　　　　　外部　　　　　忽略

（3）将左图的填充图案角度改为 90°，比例改为 2，形成如右图所示图案。

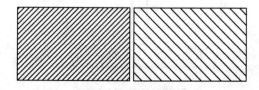

（4）将左图的填充图案分解并删除填充线，形成如右图所示图案。

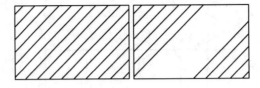

（5）按要求绘制下列图形，并填充图例。

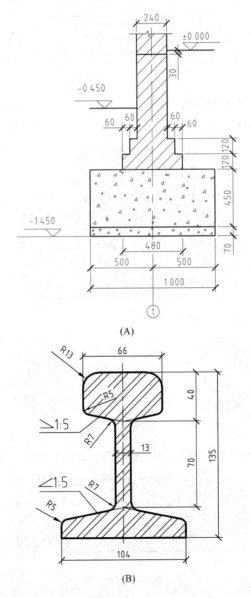

(A)

(B)

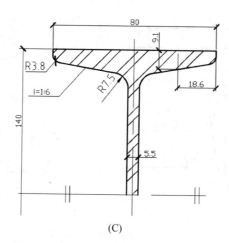

(C)

5. 综合运用绘图与编辑命令绘制下列图形。

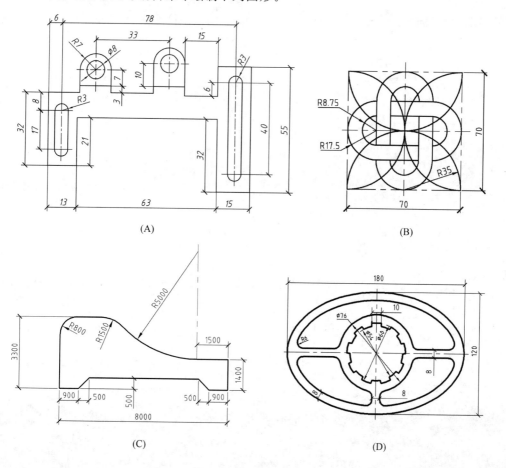

(A)

(B)

(C)

(D)

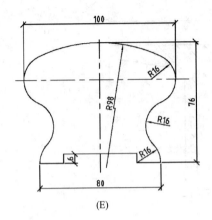

(E)

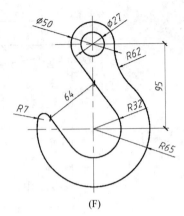

(F)

第 六 章

建筑工程 AutoCAD 图层管理

第一节 基 本 概 念

一、图层

所谓图层,相当于透明的图纸,可将图形人为地分成一层一层的,在不同的层上可以使用不同颜色、型号的画笔绘制线条样式不同的图形。另外,它还有进一步的意思,就是在绘制同一个图形时可以使用不同的图层直接组合完成。各层之间完全对齐,它们的某一基准点准确地对准其他各层上的同一基准点。

图层具有以下特性:

(1) 在一幅图中可以创建任意数量的图层,每一图层上的对象数不受限制。

(2) 每一图层都各有一个层名,以便加以区别。0 图层是 AutoCAD 的默认图层,其余图层需用户来定义名字。图层名可以包含多至 255 个字符,包括字母、数字、中文字符和其他专用符号,如美元符($)、连字符(-)和下画线(_)等。

(3) 绘图操作只能在当前层上进行。对于有多个图层的图形,在绘制对象之前要通过图层操作命令设置当前层。

(4) 各图层具有相同的坐标系、绘图界限、显示时的缩放倍数,对于不同图层上的对象可同时进行编辑操作。

二、线型

线型分连续线和不连续线两类,不连续线由线素(如点、短画、长画和间隔等)重复图案组成。每种线型都有一个名称和定义,描述了点画线、点和空格的顺序,以及已包括的文本或图形的特性。用户可使用任何 AutoCAD 提供的标准线型,也可使用自己创建的线型。

图层的线型是指在图层上绘图时所用的线型,每一层都有相应线型。不同的图层线型不同,也可以相同。但需要注意的是:

(1) 在图层上绘制对象时,该对象可采用图层所具有的线型。但是,单个对象可以使用单独的线型。

（2）图层默认线型均为 CONTINUOUS（实线）。

三、颜色

在彩色屏幕上显示图线时，不同的颜色可以明确地区分图形中不同的元素。通常，为了使用上的方便，每一个图层都有一种颜色。在 AutoCAD 中，图层颜色用数字表示，颜色号为 1～255。不同图层可以使用相同颜色，也可以设置成不同颜色。AutoCAD 将颜色号 1～7 赋予标准颜色，即：1——RED（红色）；2——YELLOW（黄色）；3——GREEN（绿色）；4——CYAN（青）；5——BLUE（蓝色）；6——MAGENTA（品红）；7——WHITE（白/黑）。

第二节　设　置　图　层

AutoCAD 提供了 LAYER 命令，进行有关图层操作。LAYER 命令可以透明执行。

一、使用方法

- 工具栏："图层"工具栏→图层特性管理器按钮 。
- 菜单：格式→图层。
- 命令行：LAYER。

LAYER 命令执行后，将显示如图 6-1 所示的"图层特性管理器"对话框。

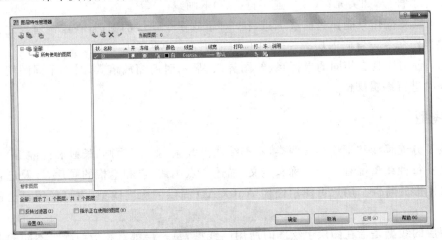

图 6-1　"图层特性管理器"对话框

对话框中的各选项的含义如下：

（1）层列表框：指显示当前图形中所有层以及层的特性。每一层的属性都由一个标签条来显示，如果要修改某个特性，可以单击特性标签下相应项，实现层的排序。点击鼠标右键可以显示快捷菜单，它可以快速选择全部图层。该列表框中的各选项的含义如下：

① 状态。以图标方式显示项目的类型，包括图层过滤器、正在使用的图层、空图层或当前图层。

② 名称。显示并修改定义层的名字。单击某一层名可修改该层的层名。

③ 开。打开/关闭图层。当图层打开时，它与其上的对象可见，并且可以打印。当图层关闭时，它与其上的对象不可见，且不能打印。单击该列中的图标，可以切换层开关状态。

④ 冻结。控制在所有视口中层的冻结与解冻。冻结的层及其上对象不可见。

【注意】

冻结层上的对象不参加重生成、消隐、渲染和打印等操作，而关闭的图层则要参加这些操作。在复杂的图形中冻结不需要的层，可以加快重新生成图形时的速度，但不能冻结当前层。

⑤ 锁定。控制层的加锁与解锁。加锁不影响图层上对象的显示。如果锁定层是当前层，仍可以在该层上作图。此外，用户还可在锁定层上使用查询命令和目标捕捉功能，但不能对其进行其他编辑操作。当只想将某一层作为参考层而不想对其修改时，可以将该层锁定。

⑥ 颜色。设置层的颜色。选定某层，单击该层对应的颜色项，弹出如图 6-2 所示的"选择颜色"对话框。从调色板中选择一种颜色，或者在"颜色（C）"文本框直接键入颜色名（或颜色号），指定颜色。

图 6-2　"选择颜色"对话框

⑦ 线型。设置层的线型。选定某层,单击该层对应的线型项,系统弹出"选择线型"对话框,如图 6-3 所示。如果所需线型已经加载,可以直接从线型列表框中选择后单击"确定"按钮。如果当前所列线型不能满足要求,单击"加载(L)…"按钮,弹出"加载或重载线型"对话框,如图 6-4 所示。在该对话框中,AutoCAD 列出 acad.lin 线型库中的全部线型,用户可从中选择一个或多个线型加载。如果要使用其他线型库中的线型,则单击"文件(F)"按钮,显示"选择线型文件"对话框,在该对话框中选择需要的线型库。

图 6-3 "选择线型"对话框

⑧ 线宽。设置在图层上对象线宽。单击该列,AutoCAD 将显示如图 6-5 所示的"线宽"对话框。"线宽"列表框中显示出当前所有可用线宽设置,并在列表框下部显示该层原有线宽和新设置线宽。当新创建一个层时,AutoCAD 赋予该层默认值,该值在打印时的宽度为 0.01in(0.25mm)。

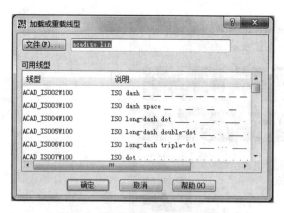

图 6-4 "加载或重载线型"对话框

图 6-5 "线宽"对话框

⑨ 打印样式。设置与层相关的打印样式,打印样式是指 AutoCAD 在打印过程中所

用到的属性设置集合。如果正在使用颜色相关打印样式表,就不能改变与层相关的打印样式。

⑩ 打印。设置在打印输出图形时是否打印该层。如果关闭某一层的打印设置,那么 AutoCAD 在打印输出时不会打印该层上的对象。但是,该层上的对象在 AutoCAD 中仍然是可见的。该设置只影响解冻层。对于冻结层,即使打印设置是打开的,也不会打印输出该层。

⑪ 冻结新视口。在新布局视口中冻结选定图层。如果以后创建了需要标注的视口,则可以通过更改当前视口设置来替代默认设置。

⑫ 说明。描述图层或图层过滤器。

在布局视口中的图层设置与图 6-1 模型空间的图层设置图有所不同,如图 6-6 所示,增加了以下几个标签。

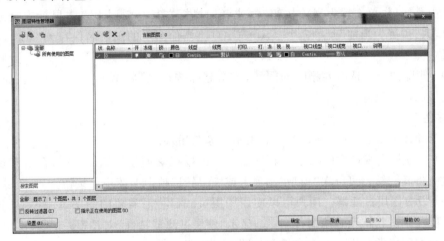

图 6-6 布局视口中的图层设置对话框

a. 视口冻结:在布局视口中冻结选定的图层。可以在当前视口中冻结或解冻图层,而不影响其他视口中的图层可见性。"视口冻结"设置可替代图形中的"解冻"设置。即如果图层在模型空间视口中处于解冻状态,则可以在布局视口中冻结该图层,但如果该图层在模型空间视口中处于冻结或关闭状态,则不能在当前视口中解冻该图层。当图层在模型空间视口中设置为"关"或"冻结"时,在布局视口中则为不可见。

b. 视口颜色:设置与布局视口上的选定图层关联的颜色替代。

c. 视口线型:设置与布局视口上的选定图层关联的线型替代。

视口线宽:设置与布局视口上的选定图层关联的线宽替代。

d. 视口打印样式:设置与活动布局视口上的选定图层关联的打印样式替代。当图形中的视觉样式设置为"概念"或"真实"时,替代设置将在视口中不可见或无法打印。如果正在使用颜色相关打印样式,则无法设置打印样式替代。

(2)创建新图层。"图层特性管理器"对话框中的新建图层按钮🖢用于创建新图层。单击该按钮后,在列表框中将显示图层名,如"图层 1"等,并且是可更改状态。修改图层名时输入图层名即可。也可以在图层列表框中点击鼠标右键,显示快捷菜单,在快捷菜单中执行"新建图层"菜单命令来建立新图层。

图层名应有实际意义,并且要简单易记。对于新建的图层,AutoCAD 使用在图层列表框中所选择的图层设置作为新建图层的默认设置。如果在新建图层时没有在图层列表框中选择任何图层,那么软件将默认该图层的颜色为白色(WHITE),线型为实线(CONTINUOUS),线宽为 DEFAULT。新图层建好后,可以根据需要进行修改。

(3)设置当前图层。用户只能在当前图层上绘制图形,软件在图层列表框上面显示当前图层名。对于含有多个图层的图形,必须在绘制对象之前将该图层设置为当前图层。

选中某图层,单击置为当前按钮✔,或者用鼠标在某一图层上点击鼠标右键显示快捷菜单,执行"置为当前"菜单命令。AutoCAD 将当前图层的图层名保存到 CLAYER 系统变量中。

(4)删除图层。选择要删除的图层,单击删除按钮,然后单击"应用(A)"按钮,即可将所选择的图层删除。

【注意】

不能删除 0 层、当前图层以及包含图形对象的图层。

(5)创建所有视口中已冻结的新图层。单击按钮🖢创建新图层,然后在所有现有布局视口中将其冻结。可以在"模型"选项卡或"布局"选项卡上使用此按钮。

(6)设置图层过滤器。用户可以使用图层过滤器将不需要的图层过滤掉,只显示需要的图层。单击新特性过滤器按钮🖢,显示"图层过滤器特性"对话框,如图 6-7 所示,从中可以根据图层的一个或多个特性创建图层过滤器。

在该对话框中,用户可以设定自己的过滤条件,显示符合条件的部分层。过滤条件中的图层名称、颜色、线宽、线型和打印样式等文本框中可以使用通配符。

设置完过滤器后,单击"确定"按钮将新建的过滤器添加到"图层特性管理器"对话框左侧的树状图中。

在使用过滤器时,如果选中了"反转过滤器(I)"复选项,软件将只显示不符合过滤器条件的图层。

如果选中了"指示正在使用的图层(U)"复选框,在列表视图中将显示图标以指示图层是否正被使用。在具有多个图层的图形中,取消此复选框可提高性能。

(7)创建新的图层过滤器。单击新组过滤器按钮🖢,创建图层过滤器,其中包含选择并添加到该过滤器的图层。

(8)设置图层状态管理器。单击图层状态管理器按钮🖢,显示"图层状态管理器",

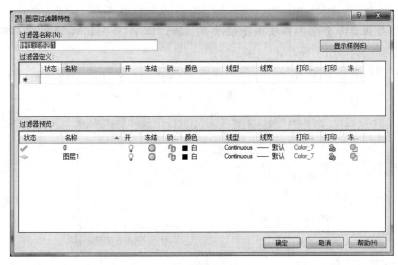

图 6-7　"图层过滤器特性"对话框

如图 6-8 所示,从中可以将图层的当前特性设置保存到一个命名图层状态中,以后可以再恢复这些设置。

图 6-8　图层状态管理器

① 显示图层状态。在图层状态列表框中,列出已保存在图形中的命名图层状态、保存它们的空间(模型空间、布局或外部参照)、图层列表是否与图形中的图层列表相同以及

可选说明。

② 控制是否显示外部参照中的图层状态。通过选中"不列出外部参照中的图层状态(F)"复选框确定状态。

③ 新建图层状态。单击"新建(N)…"按钮,显示"要保存的新图层状态"对话框,如图 6-9 所示,从中可以编辑新命名图层状态的名称和说明。

图 6-9 "要保存的新图层状态"对话框

④ 保存图层状态。单击"保存(V)"按钮,保存选定的命名图层状态。

⑤ 编辑图层状态。单击"编辑(I)…"按钮,显示"编辑图层状态"对话框,如图 6-10 所示,从中可以修改选定的命名图层状态。

图 6-10 "编辑图层状态"对话框

⑥ 重命名图层。单击"重命名"按钮,编辑图层状态名。

⑦ 删除图层。单击"删除(D)"按钮,删除选定的命名图层状态。

⑧ 输入已有图层状态:单击"输入(M)…"按钮,显示标准文件选择对话框,从中可以

将先前输出的图层状态文件（las）加载到当前图形中。可输入文件（dwg、dws 或 dwt）中的图层状态。输入图层状态文件可能导致创建其他图层。选定 dwg、dws 或 dwt 文件后，将显示"选择图层状态"对话框，从中可以选择要输入的图层状态。

⑨ 输出图层状态：单击"输出（X）…"按钮，显示标准文件选择对话框，从中可以将选定的命名图层状态保存到图层状态文件（las）中。

⑩ 设置恢复选项：

a. 关闭未在图层状态中找到的图层：恢复图层状态后，必须关闭未保存设置的新图层，以使图形看起来与保存命名图层状态时一样。

b. 将特性作为视口替代应用：将图层特性替代应用于当前视口。在"布局"选项卡上访问图层状态管理器时，此选项才可用。

⑪ 设置要恢复的图层特性。在"要恢复的图层特性"列表框中，可以指定恢复选定命名图层状态时要恢复的图层状态设置和图层特性。在"模型"选项卡上保存图层状态时，"当前视口中的可见性（U）"复选框不可用。

⑫ 恢复图层状态。单击"恢复（R）"按钮，将图形中所有图层的状态和特性设置恢复为先前保存的设置。仅恢复使用复选框指定的图层状态和特性设置。

第三节　设置线型、线宽

AutoCAD 中提供了 LINETYPE 命令用于加载、建立及设置线型。

一、使用方法

- 菜单：格式→线型。
- 命令行：LINETYPE。

LINETYPE 命令执行后，系统显示如图 6-11 所示的"线型管理器"对话框。

图 6-11　"线型管理器"对话框

对话框中各选项的含义如下：

(1) 线型列表框。该列表框列出了当前图形中所有可用的线型。

点击鼠标右键打开快捷菜单，执行"全部选择(S)"菜单命令，可以快速选择全部线型。该列表框中各选项的含义如下：

① 线型。显示已加载线型名称，单击此按钮，则对所有线型进行排序。

② 外观。显示线型的形状。

③ 说明。对线型的特性进行说明。

【注意】

(1) AutoCAD 提供了两种特殊的逻辑线型，即 ByLayer(取其所属层的线型)和 ByBlock(取其所属块插入到图形中时的线型)。

(2) "加载(L)…"按钮。单击该按钮，可以从线型库中加载所需要但在列表框中没有的线型。

(3) "当前(C)"按钮。单击该按钮，则以后绘制对象均使用此线型。

(4) "删除"按钮。单击该按钮即可将其从线型列表中删除。

(5) 线型过滤器。线型过滤器可以过滤一些线型，只显示符合条件的线型。软件包含三个预定义的线型过滤器："显示所有线型"、"显示所有使用的线型"和"显示所有依赖于外部参照的线型"。用户只能使用这三个预定义的线型过滤器和"反向过滤器(I)"复选框，而不能创建自定义的线型过滤器。

(6) "显示细节(D)"按钮。单击该按钮，软件将在"线型过滤器"对话框中列出线型具体特性，此时该对话框如图 6-12 所示。

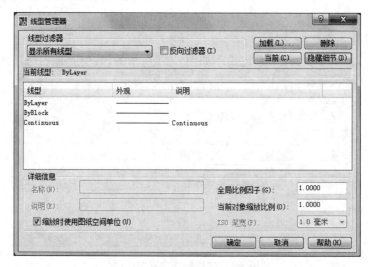

图 6-12 "线型过滤器"对话框

第四节　设 置 颜 色

图形中的每一个元素均具有自己的颜色,软件提供了 COLOR 命令用于为新建实体设置颜色。其使用方法如下:

- 菜单:格式→颜色。
- 命令行:COLOR。

COLOR 命令执行后,软件显示"选择颜色"对话框。

设置颜色时,用户可以在"索引颜色"选项卡中单击某一颜色进行选择。软件会自动将选择的颜色名称或颜色号显示在"颜色"框中,用户可以直接在该框中输入颜色号。

【注意】

AutoCAD 提供了两种特殊的逻辑颜色:ByLayer(随层)和 ByBlock(随块)。

第五节　设 置 线 宽

通常图纸中的直线具有一定的宽度。为此,AutoCAD 提供了绘制带宽度的直线功能 LWEIGHT 命令。

它的具体使用方法如下:

- 菜单:格式→线宽。
- 命令行: LWEIGHT。
- 在状态栏中的"线宽"按钮点击鼠标右键,显示快捷菜单,执行"设置(S)…"菜单项 LWEIGHT 命令后,软件显示如图 6-13 所示的"线宽设置"对话框。

图 6-13　"线宽设置"对话框

"线宽"列表框中列出当前所有可用的线宽系列,用户可根据需要选择。当前线宽设置显示在"线宽"列表框下面,单击"确定"完成线宽设置。

【注意】

AutoCAD 提供了 ByLayer(随层)和 ByBlock(随块)两种逻辑线宽。此外,软件还提供了默认线宽选项,用户可在"默认"下拉列表框中设置默认线宽的宽度。使用时,用户要注意线宽的单位是毫米(mm)还是英寸(in),并根据需要选用。

默认情况下,AutoCAD 不在图形中显示线宽。如果要显示线的宽度,可在该对话框中选中"显示线宽(D)"复选框,或者在状态条中单击"线宽"按钮,切换线宽显示状态。用户可以使用对话框中的"调整显示比例"滑动按钮来调整线宽的显示比例。该操作不会影响线的实际宽度。

第六节　利用工具栏设置

为了方便用户在绘图时操作,AutoCAD 提供了图层和特性两种工具。图 6-14 和图 6-15 为这两种工具示意图。用户可以使用它们迅速改变或查看被选对象的层、颜色和线型。

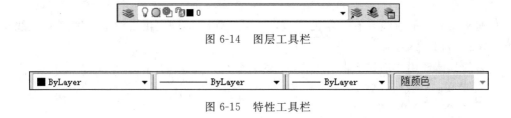

图 6-14　图层工具栏

图 6-15　特性工具栏

一、层操作

(1)"将对象的图层置为当前"按钮。单击该按钮,提示选择对象。选择对象后,软件自动将该对象所在层设置为当前层。

(2)"图层特性管理器"按钮。单击该按钮,弹出"图层特性管理器"对话框,操作同前。

(3)"上一个图层"按钮。单击该按钮,将返回到上一个图层信息。

(4)"图层设置"下拉列表框(如图 6-16)。在该下拉列表中选取某一层,即可将其设置为当前层。选择一个对象后,可以查看和改变对象所属层。单击某一图标,可快速改变层状态。

二、颜色操作

通过"颜色控制"下拉列表框,可以设置当前所选对象的颜色。选择某一对象后,软件将该对象的颜色显示在列表框中,但选择多个不同颜色的对象时,列表框中将不显示特定颜色,选择对象后,可在列表中选择其他颜色即可改变图形颜色,如图 6-17 所示。点击"选择颜色…",可加载其他颜色。

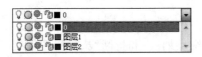

图 6-16　"图层设置"下拉列表框　　　　图 6-17　"颜色控制"下拉列表框

三、线型操作

"线型控制"下拉列表框可以设置当前所选对象的线型、查看和改变对象的线型,如图 6-18 所示,点击"其他…",可加载其他线型。

四、线宽选择

"线宽控制"下拉列表框可以设置当前所选对象的线宽、查看和改变对象的线宽,如图 6-19 所示。

图 6-18　"线型控制"下拉列表框　　　　图 6-19　"线宽控制"下拉列表框

五、打印样式操作

"打印样式控制"下拉列表框 随颜色 ▼,可以设置当前所选对象的打印样式,查看和改变对象的打印样式。

本 章 练 习

按要求绘制下列图形。

(1) 把可见轮廓线(粗实线)、定位轴线(细点划线)和折断线、材料图例线等(细实线)绘制在三个不同的图层上,并分别将三者的线宽设定为 1.0mm、0.09mm 和 0.09mm。

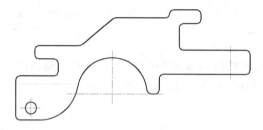

(2) 设置相应的图层绘制下图。

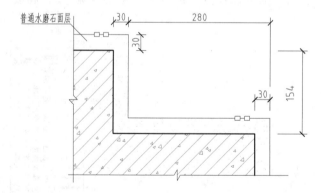

第七章

建筑工程 AutoCAD 图块操作

实际绘图时,经常会遇到标准件等多次重复使用的图形,单独将它们作为独立的整体定义好并在需要的时候插入,可以提高绘图的效率,这就是块的作用。

第一节 图 块 定 义

所谓块,就是将一些对象组合起来,形成单个对象(或称为块定义),将它们用一个名字进行标识。这一组对象能作为独立的绘图元素插入一张图纸中,进行任意比例的转换、旋转,并放置在图形中的任意地方。用户还可以将块进行分解成为其组成对象,并对这些对象进行编辑操作,然后重新定义这个块。

块操作有两种方式:一种是在当前文件中定义块,而且只在当前文件中使用,它的命令形式是 BLOCK;另一种是将块定义成单独的块文件,这样其他图形可以单独调用,它的命令形式是 WBLOCK 。

一、当前文件块定义

用户可以通过如下方法定义块:
- 命令行:BLOCK、BMAKE。
- 菜单:绘图→块→相关选项。
- 工具栏:"绘图"工具栏→创建块按钮 ▣ 。

用上述方法之一启动命令后,软件会显示如图 7-1 所示的块定义对话框。

在这个对话框中操作的具体步骤如下:

(1) 直接在"名称(N)"文本框中输入块名称,也可以从下拉列表中选择。

(2) 确定块的参考点——基点。可以直接输入基点的 X、Y、Z 的坐标值,也可以单击"拾取点(K)"按钮,用十字光标直接在绘图区上拾取。如果选中"在屏幕上指定"复选框,关闭对话框时,将提示用户指定基点。

【注意】

虽然可以任意选取点作为插入点,但建议选取对象实体的特征点作为插入点。

图 7-1　块定义对话框

（3）选取的要定义为块的对象。单击"选择对象（T）"按钮，在图形窗口中选择对象。如果单击快速选择按钮，则显示如图 7-2 所示的对话框，从中可以快速选择一些具有共性的对象，如同一颜色对象等。选中"在屏幕上指定"复选框，关闭对话框时，将提示指定对象。

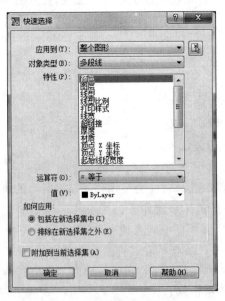

图 7-2　"快速选择"对话框

（4）确定定义为块的图形在原图形中的处理方式。在该设置区中各选项的含义是：

① 保留：保留显示所选取的要定义成块的对象的原有特性。

② 转换为块：将所选取的对象转化为块。

③ 删除：删除所选取的对象图形。

（5）决定插入块的单位。单击"块单位（U）"下拉箭头，用户可从下拉列表中选择所插入块的单位，包括毫米（mm）、厘米（cm）、米（m）、千米（km）等。

（6）确定块的插入方式。在该设置区中各选项的含义是：

① 注释性。指定块为可注释性。单击信息图标可以了解有关注释性对象的更多信息。

② 使块方向与布局匹配。指定在图纸空间视口中的块参照方向与布局方向匹配。如果未选择"注释性（A）"选项，则该选项不可用。

③ 按统一比例缩放。指定是否阻止块参照不按统一比例缩放。

④ 允许分解。指定块参照是否可以被分解。

（7）为块插入超链接。单击"超链接（L）…"按钮，系统将弹出如图 7-3 所示的"插入超链接"对话框，可以使用该对话框将某个超链接与块定义相关联。

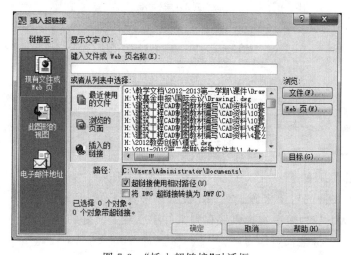

图 7-3　"插入超链接"对话框

（8）编辑块。选中"在块编辑器中打开（O）"复选框，单击"确定"按钮后，在块编辑器中打开当前的块定义进行编辑。

（9）在"说明"文本框中详细描述所定义图块的所有信息。

【注意】

定义块更新后，图形中所有对该块的参照会立刻更新，以反映新的定义。

二、定义块文件

在 AutoCAD 中提供了 WBLOCK 命令,可以把所定义的块作为一个独立的图形文件写入磁盘中,并作为块定义在其他图形中使用,软件把插入 AutoCAD 文件中的任何图形均当作块定义,包括图片等。

1. 块的创建

在命令行中输入"WBLOCK"或"W"并按 Enter 键,软件会出现如图 7-4 所示的"写块"对话框。

图 7-4 "写块"对话框

具体的操作步骤如下:

(1)确定块文件的对象来源。在"源"设置区中,用户可以设置如下几个块来源:

① 块:可从下拉列表中选择要保存到文件中已经定义好的块定义。

② 整个图形:将整张图作为块。

③ 对象:在图形窗口中进行选择,同前面的块定义操作一致。

(2)确定块基点。用户可以直接输入块基点的 X、Y、Z 坐标,也可以单击"拾取点(K)"按钮,在图形窗口中选择。

(3)确定块中的图形对象。参见块定义。

(4)输入块文件的基本信息。如果单击按钮 ⋯ ,将出现"浏览文件夹"对话框,可以从中选取块文件的位置和名称,也可以直接输入块文件的位置。

(5)在"插入单位(U)"下拉列表中选取插入单位。

【注意】

① 在多视窗窗口中，WBLOCK 命令只适用于当前窗口。

② 块文件可以重复使用，而不需要从提供这个块的原始图形中选取。

③ 当所输入的块名不存在时，软件会提示选择对象。

2. 块的编辑

用户向图形中插入块定义时，AutoCAD 便创建一个块引用对象。块引用是 AutoCAD 的一种实体，它可以作为一个整体被复制、移动或者删除，但用户不能直接编辑构成块的对象。所以，需要对其进行分解，打散成多个图元素后再进行编辑。

在进行讲解之前，有几个问题需要进行必要的说明。

（1）可以把位于不同图层、具有不同颜色、线型和线宽的对象定义到一个块中。AutoCAD 在块定义中将保存其中每一个对象的图层、颜色、线型和线宽等信息。每次插入块时，块中每个对象的图层、颜色、线型和线宽等特性将不会发生变化。如果块定义中的某个组成对象在加到块定义之前位于 0 图层上，并且该对象的颜色、线型和线宽被设置为随层，那么当把此块插入到当前图层上时，软件将该块中位于 0 层上的对象的颜色、线型和线宽设置成与当前图层的特性一样。如果组成块的对象的颜色、线型和线宽被设置为随块，当用户插入此块时，软件将组成块的对象的颜色、线型和线宽设置为系统的当前值。

（2）AutoCAD 允许块定义中包含其他（嵌套的）块。软件对于嵌套块的唯一限制是不能插入它们自己的组成块。有时，在嵌套块中可能会包含有 0 图层上的对象或包含有把颜色、线型和线宽指定为随块的对象。这样的对象称为浮动对象，它们的特性由嵌套结构中包含它们的块决定。虽然块嵌套很有用，但是如果不正确使用浮动图层、颜色、线型和线宽，将会使嵌套变得很复杂。为了将混乱程度降到最小，在使用块嵌套时应遵循以下规则：

① 如果特殊块的所有引用需要相同的图层、颜色、线型和线宽等特性，用户应为块中的所有对象明确指定特性（包括所有嵌入块）。

② 如果希望用插入图层的颜色和线型控制特殊块的每个引用的颜色和线型，用户应将块中每个对象（包括所有嵌入块）绘制在 0 图层上并将其颜色和线型设置为随层。

③ 如果希望用当前明确指定的颜色和线型控制特殊块每个引用的颜色和线型，用户应将块中每个对象（包括所有嵌入块）的颜色和线型设置为随块。在创建块之前，用户可以用"特性"选项板修改组成对象的图层、颜色和线型。

（3）分解块。AutoCAD 允许用户使用 EXPLODE 命令分解块引用。通过分解块的引用，用户可以修改块（或添加、删除块定义中的对象）。具体操作同多段线的分解，详见第四章第六节的相关内容。

【注意】

① AutoCAD 所分解的是块引用,而不是块定义。相应的块定义没有变化。

② EXPLODE 命令可以将组合在一起的图形元素分解成基本元素,但对于基本元素则无法分解,如线段、文字、圆、样条曲线等。对于有嵌套的块来说,需要重复执行块分解命令,才能把块引用一层一层地分解。

3. 块的重定义

用户可以使用 BLOCK 命令重新定义一个块定义。如果向块定义中添加对象,或从中删除一些对象,则需要将该块定义插入到当前图形中,将其分解后再用 BLOCK 命令重定义。

具体的操作步骤如下:

(1) 打开"块定义"对话框。

(2) 在"名称(N)"下拉列表框中选择要重定义的块。

(3) 修改"块定义"对话框中的选项。

(4) 单击"确定"按钮。

【注意】

重定义的块对以前和将来的块引用都有影响。重定义后,新常数型属性将取代原来的常数型属性,但是即使新的块定义中没有属性,已经插入完成的块引用之中原来的变量型属性也会保持不变。对于保存在文件中的块定义,可以将其作为普通图形文件进行修改。

第二节 插 入 块

AutoCAD 允许将已定义的块插入到当前的图形文件中。在块插入时,需要确定特征参数,包括要插入的块名、插入点的位置、插入的比例系数及图块的旋转角度。

一、对话框方式插入块

用户可以通过如下方法来启动"插入"对话框:

• 命令行:INSERT。

• 菜单:插入→块。

• 工具栏:"绘图"工具栏→插入块按钮。

用上述方法之一输入命令后,将打开如图 7-5 所示的"插入"对话框。

在该对话框中的操作步骤如下:

(1) 在"名称(N)"下拉列表中输入或者选择要插入的块文件名。如果没有或不清楚该文件的位置,可以单击"浏览(B)…"按钮,将出现"选择图形文件"对话框,利用该对话

图 7-5　"插入"对话框

框选取已有的图形文件。

（2）确定插入点。在该设置区中,可以直接在"X"、"Y"、"Z"输入框中输入 X、Y 和 Z 轴坐标值,也可以通过"在屏幕上指定（S）"复选框确定在图形窗口中拾取插入点。

（3）确定缩放比例。用户可按不同比例插入块。X、Y 和 Z 轴方向的比例因子可以相同也可以不同。如果使用负比例系数,图形将绕着负比例系数作用的轴做镜像变换。在该设置区中,用户还可以设置如下两项内容:

① 在屏幕上指定:利用光标在图形窗口中的拖动设置比例因子。

② 统一比例:如果只设置了 X 的比例因子,则 Y、Z 方向的比例因子也要按一定的比例变化。

（4）确定旋转方式。按一定的旋转角度插入块。用户可以设置如下选项:

① 在屏幕上指定:在图形窗口中拖动鼠标来设置。

② 角度输入框:直接在框中输入旋转角度。

（5）查看块单位及其比例。"单位"文本框显示块单位,"比例"文本框显示当前显示单位比例因子,该比例因子是根据块的单位值和图形单位计算的。

（6）确定块中的元素是否可以单独编辑。如果选中"分解（D）"选项,则分解后的块中的任一实体可以单独进行编辑。对于一个被分解的块,只能指定一个比例因子。

（7）输入后单击"确定"按钮。

【说明】

① 如果修改了块的原图形文件,那么可以通过选择"块定义"或"写块"对话框中的块名称重定义当前图形中的块,当前图形中的块引用将被更新。

② 在插入 0 图层上的对象时,软件将自动把对象分配到块所插入的层上。

二、资源管理器插入

可以在资源管理器中通过鼠标拖放方式将所选的文件作为块插入到当前图形文件中。具体操作过程如下：

(1) 在软件的绘图屏幕上选取所要插入的图形。

(2) 打开 Windows 的资源管理器，适当调整窗口大小，使之与软件的绘图屏幕一起显示。

(3) 拖动文件至软件的绘图屏幕后，释放鼠标。

系统将提示如下：

命令:_insert↙
输入块名或[?]<1>:"C:\Documents and Settings\sunjh\My Documents\4-50.dwg"
单位:毫米　转换:1.0000
指定插入点或[基点(B)/比例(S)/X/Y/Z/旋转(R)]:(选择点)
输入 X 比例因子,指定对角点,或[角点(C)/XYZ(XYZ)]<1>:(输入比例)
输入 Y 比例因子或<使用 X 比例因子>:(输入比例)
指定旋转角度<0>:(输入旋转角度)

三、多重插入块

多重插入块操作是使用 MINSERT（多重插入）命令，它实际上是 INSERT 和 RECTANGULAR/ARRAY 命令的组合。该命令操作的开始阶段与 INSERT 命令一样，然后提示构造一个阵列。

用户可以通过如下方法输入 MINSERT 命令：

命令:MINSERT↙
输入块名或[?]<4-50>:(输入块名)
单位:毫米　转换:1.0000
指定插入点或[基点(B)/比例(S)/X/Y/Z/旋转(R)]:(选择点)
输入 X 比例因子,指定对角点,或[角点(C)/XYZ(XYZ)]<1>:(输入 X 方向的比例系数)
输入 Y 比例因子或<使用 X 比例因子>:(输入 Y 方向的比例系数)
指定旋转角度<0>:(确定选择角度)
输入行数(…)<1>:(输入行数)
输入列数(III)<1>:(输入列数)
输入行间距或指定单位单元(…):(输入行与行之间的间距)
指定列间距(III):(输入列与列之间的间距)

执行以上操作后，软件会根据设置插入图块，生成新图形。

【注意】

MINSERT 命令生成的整个阵列与块有许多相同特性,但在以下情况下只适合于 MINSERT 命令:

① 整个阵列就是一个块,用户不可能编辑其中单独的项目。用 EXPLODE 命令不能把块分解为单独实体。如果原始块插入时发生了旋转,则整个阵列将围绕原始块的插入点旋转。

② 不能使用用于单个实体的块插入方法。

四、重新设置插入基点

在块插入之前或者插入后,都可以单独定义基点。尤其在插入之后,这样可以省去很多麻烦。这是通过 BASE 命令实现的。启动该命令的方法有如下几种:

- 命令行:BASE。
- 菜单:绘图→块→基点。

用上述方法中的任一种输入命令后,软件会有如下提示:

输入基点 (0.0000,0.0000,0.0000>:

用户可以直接输入插入点的坐标值,也可以利用鼠标直接在屏幕上选取插入点。

五、案例

将如图 7-6 所示的椅子定义为块 1,令其作环行阵列排列至如图 7-7 所示的会议室中。

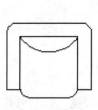

图 7-6　"块 1"

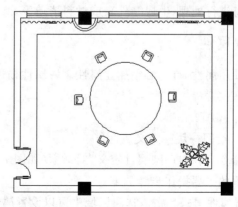

图 7-7　会议室初始布置

具体操作步骤如下:

(1) 绘制好椅子,在命令行中输入 BLOCK 命令,系统弹出"块定义"对话框。在"名称(N)"中输入 1,在"对象"中选择"保留(R)"。单击"拾取点(K)"按钮,选择底边中心点。单击"选择对象(T)"按钮,在图形窗口中选择图 7-6。单击"确定"按钮,关闭该对话框。

(2) 在命令行中输入"INSERT",系统弹出"插入"对话框。在"名称(N)"下拉列表中选择 1,单击"确定"按钮,进入绘图窗口。此时,块 1 可动态显示。

(3) 选择一点后单击,将块 1 插入到图形中。

(4) 执行 ARRAY 命令,系统提示如下:

命令:ARRAY↙

系统弹出如图 5-3 所示的对话框。单击"选择对象(S)"按钮,系统提示如下:

选择对象:(选择块 1)
选择对象:↙

返回图 5-3 中,选择环形阵列,项目总数为 6,且复制时旋转项目。单击"中心点"按钮,系统提示:

指定阵列中心点:(选择一个圆桌中心,返回图 5-3 中)
点击确定。

第三节 块 属 性

属性是存储于块文件中的文字信息,用来描述块的某些特征。使用属性的主要目的是为了与外部进行数据交换。用户可以从图形中提取属性信息,使用电子表格或数据库等软件对信息进行处理,生成零件表或材料清单等。

一、建立块属性

用户要使用属性,首先必须建立属性。块属性描述块的特性,包括标记、提示、值的信息、文字格式、位置等。

- 命令:ATTDEF。
- 菜单:绘图→块→定义属性。

激活该命令后,将打开"属性定义"对话框,如图 7-8 所示。

该对话框的主要操作步骤如下:

(1) 设置属性模式。在该选项区域中可以设置属性为不可见、固定、验证、预置、锁定位置和多行:

① "不可见(I)"选项用来控制属性值是否可见。选中后,系统在向当前图形中插入块时将不显示属性值。

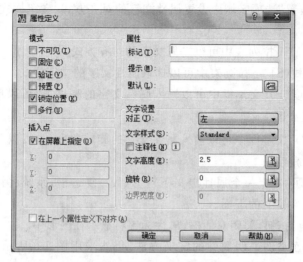

图 7-8　"属性定义"对话框

②"固定(C)"选项用来控制属性值是否固定。选中后,系统在向当前图形中插入块时将赋予该属性一个固定的值。

③"验证(V)"选项用来控制属性的验证操作。选中后,系统在向当前图形中插入块时将提示用户验证属性值的正确性。

④"预置(P)"选项用来控制属性的默认值。选中后,系统在向当前图形中插入块时将使用默认值作为该属性的属性值。

⑤"锁定位置(K)"选项用来锁定块参照中属性的位置。解锁后,属性可以相对于使用夹点编辑的块的其他部分移动,并且可以调整多行属性的大小。

⑥"多行(U)"选项用来指定属性值可以包含多行文字。选中后,可以指定属性的边界宽度。

【注意】

在动态块中,由于属性的位置包括在动作的选择集中,因此必须将其锁定。

(2)确定块属性中的基本属性。"属性"选项区域提供了属性标记、提示和默认值。

① 在"标记(T)"文本框中可以输入属性的标记,用于标识属性在图形中的每一次出现。

② 在"提示(M)"文本框中可以输入属性的提示,指当插入含有该属性定义的块时,系统在屏幕中显示的提示。

③ 在"默认(L)"文本框中可以输入属性的默认属性值。

(3)确定属性的插入位置。可以直接在"X"、"Y"、"Z"编辑框中输入,也可以选中"在屏幕上指定(O)"复选框决定是否用鼠标在绘图区域选取。

(4) 在"文字设置"选项区域中设置属性文字的对齐方式、文字样式、文字高度及旋转角度：

① 在"对正(T)"下拉列表中可以选取文字的对齐方式。

② 在"文字样式(S)"下拉列表中可以选取属性文字的文字样式。

③ 在"文字高度(E)"文本框中可以输入属性文字的高度，也可以单击文字高度按钮 在屏幕上指定其高度。

④ 在"旋转(R)"文本框中可以输入属性文字的旋转角度，也可以单击旋转按钮 在屏幕上指定其旋转角度。

(5) 如果选中了"在上一个属性定义下对齐(A)"复选框，系统将该属性定义的标记直接放在上一个属性定义的下面。

(6) 单击"确定"按钮，关闭对话框，属性标签将显示在图形中。

(7) 实例。下面举例说明属性的定义方法，仍然采用图 7-6 所示的例子，把原始的"块 1"更改为如图 7-9 所示的椅子。

① 执行"绘图(D)"→"块(K)"→"定义属性(D)…"菜单命令(或者直接在图上双击块 1)，打开"属性定义"对话框。

② 单击"填充"图案按钮 ，弹出如图 5-10 所示的对话框，选择填充图形，修改比例后，单击"拾取点"按钮 ，选择椅背相应的位置，单击"确定"按钮。

③ 完成图形修改后保存并关闭"块编辑器"，返回绘图截面，模型重新生成，阵列图形也同时更新。此时，阵列图形显示如图 7-10 所示。

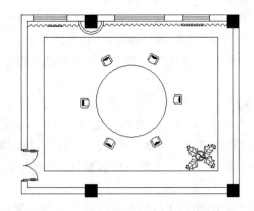

图 7-9 重定义后的"块 1"　　　　图 7-10 "块 1"更改会议室布置效果

二、插入带有属性的块

一旦用户给块附加了属性或在图形中定义了属性，就可以使用前面介绍的方法插入带属性的块。当插入带有属性的块或图形文件时,前面的提示和插入一个不带属性的块完全相同,只是增加了属性输入提示。用户可在各种属性提示下输入属性值或接受默认值。

操作步骤如下:

(1) 选择"绘图"工具栏的插入块按钮 🖼️。

(2) 打开"插入"对话框,单击"浏览(B)…"按钮,打开"选择图形文件"对话框,从中选择图块文件。

(3) 单击"打开(O)"按钮,关闭"选择图形文件"对话框,返回"插入"对话框。

(4) 在"名称(N)"下拉列表中选择要插入的块名,然后设置插入的特性,见本章第二节"块插入"。

三、提取属性信息

提取属性信息可利用 ATTEXT 命令来实现。

在命令行中输入"ATTEXT",系统将打开"属性提取"对话框,如图 7-11 所示。

在这个对话框中可以进行以下操作:

(1) 确定属性提取的方式。在"文件格式"选项区域中有三种格式,即逗号分隔文件、空格分隔文件、DXF 格式提取文件。

图 7-11 "属性提取"对话框

① "逗号分隔文件(CDF)(C)"选项。系统在生成数据文件时,对每一个块引用生成一条记录,并用逗号分隔每一条记录中的各个字段,其中的字符型字段用单引号括起来。

② "空格分隔文件(SDF)(S)"选项。系统对图形中的每一个块引用生成一条记录,其中每一条记录的各个字段具有固定的宽度。

③ "DXF 格式提取文件(DXX)(D)"选项。系统生成数据文件时,将删除 AutoCAD 图形交换文件的子集,该文件中仅包括块引用、属性等对象。

(2) 单击"选择对象(O)"按钮,软件临时关闭该对话框,选取带属性的块,选取后按 Enter 键,再次返回此对话框,并在此按钮的右边显示选中对象的个数。

(3) 确定样板文件。可以在样板文件文本框中输入 CDF 和 SDF 格式样板文件的名称,也可以通过单击"样板文件(T)…"按钮,打开"输出文件"对话框,从中选取所需的样板文件。

(4) 在输出文件文本框中输入 AutoCAD 提取属性数据后的输出文件名。也可以单击"输出文件(F)…"按钮,打开"输出文件"对话框,指定输出文件。

（5）单击"确定"，关闭该对话框，完成属性的提取。

四、属性数据编辑

1. 启动

可以通过任何文本编辑器或字处理软件编辑样板文件。激活属性编辑命令的方法如下：

- 命令：ATTEDIT。
- 工具栏："修改 II"工具栏→编辑属性图标 。
- 菜单：修改→对象→属性→单个；
  　　　修改→对象→属性→全局。

2. 操作方式

若用前两种方式激活该命令，命令行提示：

选择块参照：

选取块参照后，打开"编辑属性"对话框，进行属性编辑，如图 7-12 所示，在其中进行编辑即可。

图 7-12 "编辑属性"对话框

用第三种方式激活属性编辑命令，若仅修改"单个"将在提示行出现"选择块"后，弹出如图 7-13 所示的对话框。在"属性"选项卡中，可以查看当前的属性设置并输入新值。在如图 7-14 所示的"文字选项"选项卡中，可以设置标记的字体、对正、高度、宽度因子等，从而控制文字样式。在如图 7-15 所示的"特性"选项卡中，可以控制块所在的图层、线型、颜色等。

用第三种方式激活属性编辑命令，若需修改"全局"，那命令行会出现如下提示：

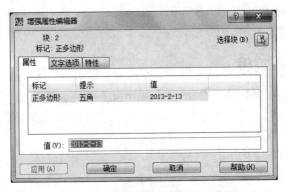

图 7-13　"增强属性编辑器"对话框

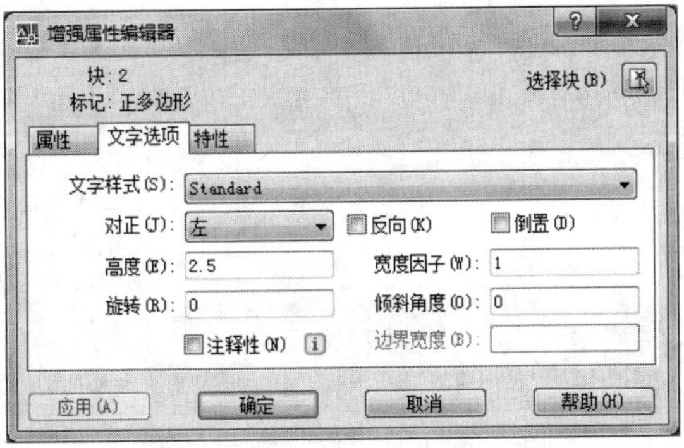

图 7-14　"增强属性编辑器"的"文字选项"选项卡

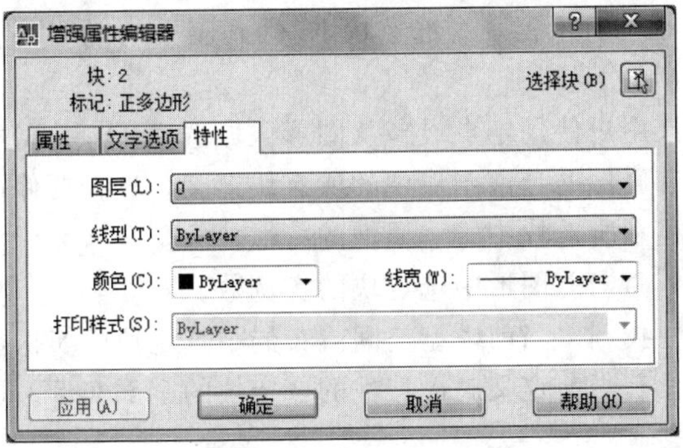

图 7-15　"增强属性编辑器"的"特性"选项卡

是否一次编辑一个属性？[是(Y)/否(N)]<Y>:(默认是 Y)

输入块名定义<*>:(输入新的块名称)

输入属性标记定义<*>:(输入新的属性标记定义)

输入属性值定义<＊>:(输入新的属性值定义)

选择属性:(在绘图区选择需要修改的属性)

五、块属性管理器编辑

除了上面可以提取属性的操作方法外,AutoCAD 提供了块属性管理器管理当前图形中块的属性定义。它可以在块中编辑属性定义、从块中删除属性以及更改插入块时系统提示用户输入属性值的顺序。

激活该管理器的方法如下:

- 命令:BATTMAN。
- 菜单:修改→对象→属性→块属性管理器。

系统将弹出如图 7-16 所示的对话框。

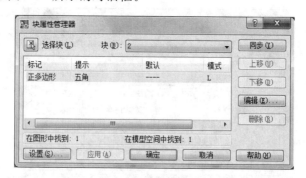

图 7-16 "块属性管理器"对话框

选定块的属性显示在属性列表中。默认情况下,标记、提示、默认、模式和注释性属性特性显示在属性列表中。对于每一个选定块,属性列表下的说明都会标识当前图形和当前布局中相应块的实例数目。

（1）选择块。允许用户使用定点设备从图形区域选择块。

（2）块。列出具有属性的当前图形中的所有块定义。选择要修改属性的块。

（3）属性列表。显示所选块中每个属性的特性。

（4）在图形中找到。当前图形中选定块的实例数。

（5）在模型空间中找到。当前模型空间或布局中选定块的实例数。

（6）同步。更新具有当前定义属性特性的选定块的全部实例。此操作不会影响每个块中赋给属性的值。

（7）上移。在提示序列的早期阶段移动选定的属性标签。选定固定属性时,"上移(U)"按钮不可用。

（8）下移。在提示序列的后期阶段移动选定的属性标签。选定常量属性时,"下移(D)"按钮不可使用。

（9）编辑。打开"编辑属性"对话框，如图 7-17 所示，从中可以修改属性特性。其基本内容与上面的"增强属性编辑器"对话框相同。

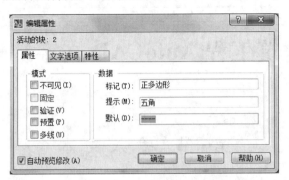

图 7-17　"块属性管理器"中的"编辑属性"对话框

（10）删除。从块定义中删除选定的属性。如果在选择"删除（R）"之前已选择了"块属性设置"对话框中的"将修改应用到现有参照（X）"，将删除当前图形中全部块文例的属性。对于仅具有一个属性的块，该按钮不可使用。

（11）设置。打开"块属性设置"对话框，如图 7-9 所示，从中可以自定义"块属性管理器"中属性信息的列出方式。

（12）应用。应用所做的更改，但不关闭对话框。

本 章 练 习

1. 建立沙发的图块，并运用图块绘制下图。

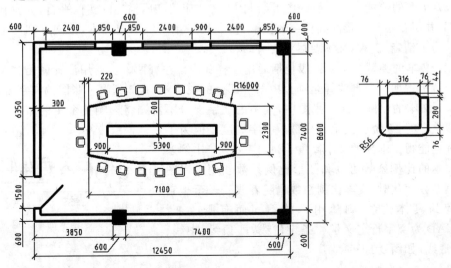

第八章

建筑工程 AutoCAD 文字编辑

第一节 输入文本

一、基本概念

在文本放置中,最基本的单位就是文本和字体。文本就是图形设计中的技术说明和图形注释等文字。AutoCAD 为了整体画面的美观,不但可以快速添加文字,而且还提供了丰富的字库。

在图形上添加文字前,考虑的问题是文本所使用的字体、文本所确定的信息和文字的比例以及文本的类型和位置。所涉及的概念如下:

(1) 字体。字体是指文字的不同书写形式,包括所有的大写文件、小写文本、数字以及宋体、仿宋体等文字。在 AutoCAD 中,除了系统本身的字体外,还可以使用附加程序内的 True Type 字体。

(2) 文本所确定的信息。即文本的内容,这是文本放置前的主要要求。确定了它,才能确定文本的具体位置和使用类型,甚至字体类型等各项。

(3) 文本的位置。在一般的图形绘制中,文本应该和所描述的实体平行,放置在图形的外部,并尽量不与图形的其他部分接触,可以用一条细线引出文本,把文本和图形联系起来。为了清晰、美观,文本要尽量对齐。

(4) 文本的类型。文本一般包括通用注释和局部注释两种。通用注释就是整个项目的一个特定说明。局部注释是项目中某一部分的说明,或具体到哪一张图的文字说明。

(5) 文本的比例。在一张图中,其中的文字部分不协调将影响整个图的布局。在输入一段文字时,系统将提示用户键入文字高度。但为了方便并且能得到理想的文本高度,可以定义一个比例系数。文本的比例系数可以和图形比例系数互用。当图形比例系数变化时,文本比例系数也随着改变。至于它们之间的具体关系,则随用户的不同而有所改变。AutoCAD 为文字行定义了 4 条定位线,即顶线、中线、基线、底线,如图 8-1 所示。

图 8-1　文字输入的 4 条定位线

二、单行文字

在 AutoCAD 中,可以用不同的方式放置文本。对于一些简单、不需要复杂字体的部分,可以用 TEXT 命令放置文本。AutoCAD 的一个显著特点就是 TEXT 和 DTEXT 合二为一,也就是 TEXT 具有创建动态文字的功能。

1. 启动

- 命令行：TEXT。
- 菜单：绘图→文字→单行文字。

2. 操作方法

激活该命令后,命令行提示如下：

命令：_dtext 或 _text↙
当前文字样式："Standard"文字高度：2.5000 注释性：否
指定文字的起点或 [对正(J)/样式(S)]：

其中各选项含义如下：

(1) 文字的起点。这是系统的默认选项。执行该选项,命令行提示如下：

指定文字的起点或 [对正(J)/样式(S)]：(确定文字的起始位置)
指定高度<2.5000>：(确定文字的高度)
指定文字的旋转角度<0>：(确定文字行的旋转角度)

此时图形窗口中出现文本框供读者输入需要的文字,如图 8-2 所示。

(2) 对正。软件提供了多样的文字定位方式,这些定位方式便于灵活组织图纸上的文本。执行该选项,命令行提示如下：

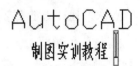

图 8-2　单行文字输入实例

输入选项 [对齐(A)/调整(F)/中心(C)/中间(M)/右(R)/左上(TL)/中上(TC)/右上(TR)/左中(ML)/正中(MC)/右中(MR)/左下(BL)/中下(BC)/右下(BR)]：

① 对齐。通过指定文字基线的两个端点指定文字宽度和文字方向。执行该选项,命令行提示如下：

指定文字基线的第一个端点：(拾取点)
指定文字基线的第二个端点：(拾取点,输入文字即可)

用户依次确定文字基线的两个端点并输入文字后,系统自动将输入的文字写在两点之间。文字行的斜角由两点的连线确定,根据两点的距离、字符数自动调节文字的宽度。字符串越长,字符就越小。

② 调整。通过指定两点和文字高度确定显示文字的区域和方向。执行该选项,命令行提示如下:

指定文字基线的第一个端点:(拾取点)
指定文字基线的第二个端点:(拾取点)
指定高度<25.0000>:(指定高度后,输入文字即可)

其中,文字的高度是指以绘图单位表示的大写字母由基线垂直延伸的距离。在调整方式下,文字的高度是一定的,此时字符串越长,字符就越窄。

③ 中心。通过指定文字基线的中点定位文字。执行该选项,命令行提示如下:

指定文字的中心点:(拾取点)
指定高度<2.5000>:(指定高度)
指定文字的旋转角度(0):(指定角度后,输入文字即可)

文字的旋转角度是指文字基线相对于 X 轴绕中点的旋转方向。用户可以通过指定一点指定该角,系统将文字从起点延伸到指定点。如果指定点在中点的左边,那么系统将绘制倒置的文字。

④ 中间。通过指定文字外框的中心定位文字,文本行的高度和宽度都以此点为中心。执行该选项,命令行提示如下:

指定文字的中间点:(拾取点)
指定高度<2.5000>:(指定高度)
指定文字的旋转角度<20>:(指定角度后,输入文字即可)

⑤ 右。通过指定文字基线的右侧端点定位文字。执行该选项,命令行提示如下:

指定文字基线的右端点:(拾取点)
指定高度<50.0000>:(指定高度)
指定文字的旋转角度:(指定角度后,输入文字即可)

对于其余 9 种定位方式,系统分别以文字顶线、中线、底线的左、中、右三点定位文字。

(3) 样式。执行该选项,命令行提示如下:

输入样式名或[?]<Standard>:

可以按 Enter 键接受当前样式,或者输入一个文字样式名将其设置为当前样式。当输入"?"后,AutoCAD 将打开文本窗口,列出当前图形某个文字样式或全部文字样式以及一些设置信息。

【注意】

如果当最后使用的是 TEXT 命令,再次使用 TEXT 命令时,按 Enter 键响应提示,则系统不再要求输入高度和角度,而直接提示输入文字。该文字将放置在前一行文字的下方,且高度、角度和对齐方式均相同。

第二节 构造文字样式

文本放置内容包括文本的字体、高度、宽度和角度等。当所作的图越来越大时,每次设置这些特性很麻烦,用户可以使用 STYLE 命令组织文字。STYLE 存储了最常用的文字格式,如高度、字体信息等。用户可以自己创建文字样式,或调用图形模板中的文字样式,使用 STYLE 命令把文字添加到图形中。

在创建新样式时,有三个因素很重要:指定样式名、选择字体以及定义样式属性。样式是利用如图 8-3 所示的"文字样式"对话框进行设置的。

图 8-3 "文字样式"对话框

该对话框的启动方式如下:

- 菜单:格式→文字样式。
- 命令行:STYLE 或 ST。

"文字样式"对话框有五方面内容:样式处理、字体、大小、效果和预览,在创建新样式中指定样式名是最基本的。

1. 样式处理

有关样式处理的操作有以下几种:

(1)创建样式。打开"文字样式"对话框。单击"新建(<u>N</u>)…"按钮,将出现"新建文字样式"对话框,如图 8-4 所示。接受默认值"样式 1",或直接键入自己希望的名字,单击"确定"按钮。

图 8-4 "新建文字样式"对话框

（2）删除样式。打开"文字样式"对话框。选取"样式（S）"框中要删除的样式，单击"删除（D）"按钮，删除所选样式。

（3）重命名样式。打开"文字样式"对话框，选取"样式（S）"列表框中要重命名的样式，然后单击，删除原样式名，键入新的样式名，按 Enter 键即可。重命名生效。

2. 选择字体

从图 8-3 中可以看到，"字体"中有一个"使用大字体（U）"复选框，"字体"选项区域中的选项将随这个复选框的开、闭而变化。用户需要在此选择正确的汉字字体方能输入汉字。

当"使用大字体（U）"处于激活状态时，系统将提供计算机内所有程序的字体，包括 shx 字体和大字体。当"使用大字体（U）"未激活时，系统只提供 AutoCAD 内的字体。选择字体只能从新提供的"字体名（F）"下拉列表中选取。

3. 确定文字大小

在"新建文字样式"的对话框中可以直接进行文字大小的设置。

① 注释性。指定文字为可注释性，单击信息图标 ⓘ 可以了解有关注释性对象的详细信息。

② 使文字方向与布局匹配。指定图纸空间视口中的文字方向与布局方向匹配，该选项只有在注释性已选择的情况下才可进行设置。

③ 高度。根据输入的值设置文字高度。如果输入 0.0，则每次用该样式输入文字时，文字默认高度值为 0.2，输入大于 0.0 的高度值，则为该样式设置固定的文字高度。在相同的高度设置下，True Type 字体显示的高度小于 shx 字体。如果选择"注释性（I）"选项，则将设置要在图纸空间中显示的文字的高度。

【注意】

一旦选定一个高度，则"文字样式"对话框创建的所有文本都将具有这个相同高度值。

4. 效果

"文字样式"对话框"效果"选项区域中有 5 个选项。包括"颠倒（E）"、"反向（K）"、"垂直（V）"、"宽度因子（W）"和"倾斜角度（O）"，下面分别进行介绍。

（1）颠倒。使文本上下颠倒放置。

（2）反向。使文本从右到左放置。

（3）垂直。使文本垂直放置。对于 True Type 字体，该选项不可用。对于 shx 字体，仅当所选字体支持垂直方向时可用。效果如图 8-5 所示。

（4）宽度因子。在高度和宽度的比例基础上显示和绘制字体的字符。宽度因子的默认值为 1，它使宽度和高度相等。效果如图 8-6 所示。

（5）倾斜角度。使文本从竖直位置开始倾斜。倾斜角度的默认值为 0，显示正常的文本；当输入正值时，文本右倾斜；当输入负值时，文本左倾斜。

图 8-5　垂直放置文本　　　　　　　图 8-6　不同宽度因子的效果

【注意】

如果用户改变已有字型的字体或者方向，则当前图形中所有使用该字型的文本对象在重生成时都使用新设置。但如果改变文本高度、宽度因子和倾斜角度，将不影响已有文本对象，只影响后面的字体。

第三节　多行文字

TEXT 和 DTEXT 命令的文字功能比较弱，每行文字都是独立的对象，这就给编辑明细栏和技术要求等大段文字带来麻烦。因此，AutoCAD 提供了 MTEXT 命令增强对文字的支持。

该命令可处理成段文字，尤其在 AutoCAD 2008 中处理文字时很像 Word 处理程序。

多行文字启动方式如下：

- 命令行：MTEXT。
- 菜单：绘图→文字→多行文字。
- 工具栏："绘图"工具栏→多行文字按钮 **A**。

激活该命令后，命令行提示如下：

当前文字样式:"Standard"。文字高度:50
指定第一角点:(用鼠标选定一点作为确定书写文字矩形区域的第一角点)
指定对角点或[高度(H)/对正(J)/行距(L)/旋转(R)/样式(S)/宽度(W)/栏(C)]:

同时，系统弹出如图 8-7 所示的在位文字编辑器，它由顶部带标尺的边框和"文字格式"工具栏组成。在位文字编辑器是透明的，因此用户在创建文字时可看到文字是否与其他对象重叠。要关闭透明度，请单击标尺的底边。输入的文字将限制在所确定的矩形内。

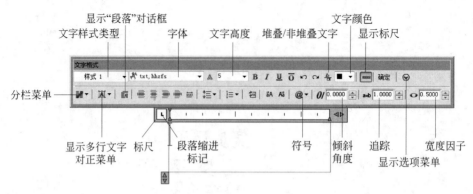

图 8-7　在位文字编辑器

其中部分选项,如文字样式类型、字体、文字高度等,与 Style 命令下的功能一致,而部分字体设置选项,如粗体、斜体、上/下画线、文字颜色、段落、项目符号和列表等则与 Word 的设置一致,在此不再赘述,其余各选项功能如下:

（1）堆叠。如果选定文字中包含堆叠字符,则创建堆叠文字（如分数）。使用堆叠字符、插入符（^）、正向斜杠（/）和磅符号（♯）时,堆叠字符左侧的文字将堆叠在字符右侧的文字之上,如图 8-8 所示。

图 8-8　堆叠效果

【注意】

默认情况下,包含插入符（^）的文字转换为左对齐的公差值。包含正向斜杠（/）的文字转换为置中对齐的分数值,斜杠被转换为一条同较长字符串长度相同的水平线。包含磅符号（♯）的文字转换为被斜线（高度与两个字符串高度相同）分开的分数。斜线上方的文字向右下对齐,斜线下方的文字向左上对齐。

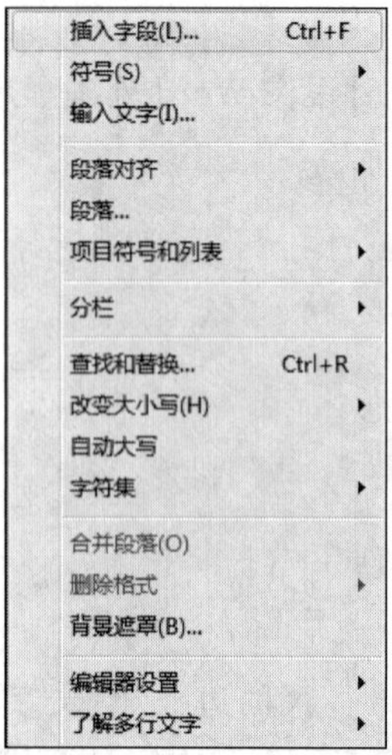

（2）显示标尺。如果选中该按钮,则可以控制标尺是否显示。

（3）追踪。增大或减小选定字符之间的空间。1.0 设置是常规间距。设置为大于 1.0,可增大间距;设置为小于 1.0,可减小间距。

（4）显示选项菜单,如图 8-9 所示,它的功能大部分已在文字编辑器中显示,但还有一些功能可以通过选项菜单设置:

① 插入字段。显示"字段"对话框,如图 8-10 所示,选择已有对象即可。

② 符号。同"文字编辑器"中的 @▾ 按钮,显示可用符号

图 8-9　显示选项菜单

的列表,如图 8-11 所示。也可以选择不间断空格,并打开其他符号字符映射表。

图 8-10　插入"字段"对话框　　　　　　　　　图 8-11　符号列表

③ 输入文字。显示"选择文件"对话框。选择任意 ASCII 或 rtf 格式的文件。输入的文字保留原始字符格式和样式特性,但可以在编辑器中编辑输入的文字并设置其格式。选择要输入的文本文件后,可以替换选定的文字或全部文字,或在文字边界内将插入的文字附加到选定的文字中。输入文字的文件必须小于 32kB。编辑器自动将文字颜色设置为 ByBlock。当插入黑色字符且背景色是黑色时,编辑器自动将其修改为白色或当前颜色。

【注意】

如果在 Microsoft Excel 早期版本中创建的电子表格,输入到图形中时电子表格将被截断。

④ 段落对齐。设置多行文字对象的对齐方式。"左对齐"选项是默认设置。与 TEXT 命令中的格式设置一样。

⑤ 段落。显示段落格式的选项,同"文字编辑器"中的 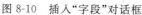 按钮,点击后会出现如图 8-12 所示的对话框,从中可以像 Word 一样设置所选定的段落格式。

⑥ 项目符号和列表。同"文字编辑器"中的 ☰▼ 按钮,显示用于编号列表的选项。

⑦ 分栏。同"文字编辑器"中的 ▤▼ 按钮,显示栏的选项:

a. 不分栏。为当前多行文字对象指定不分栏。

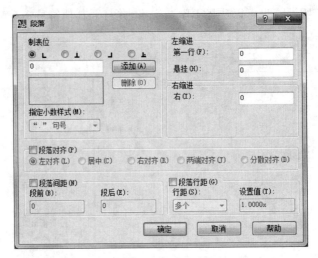

图 8-12 "段落"设置对话框

b. 动态栏。将当前多行文字对象设置为动态栏模式。动态栏由文字驱动,栏将影响文字流,而文字流将导致添加或删除栏。"自动高度(A)"或"手动高度(M)"选项可用。

c. 静态栏。将当前多行文字对象设置为静态栏模式。可以指定多行文字对象的总宽度和总高度及栏数。所有栏将具有相同的高度且两端对齐。

d. 插入分栏符。插入手动分栏符。如果选择"不分栏",将禁用该选项。

e. 分栏设置。显示"分栏设置"对话框,如图 8-13 所示,从中可以设置分栏类型、栏高和栏宽等。

⑧ 查找和替换。显示标准的"查找和替换"对话框,可以在已有文本中查找相关内容。

⑨ 改变大小写。改变选定文字的大、小写。可以选择大写和小写。

⑩ 自动大写。将所有新建文字和输入的文字转换为大写。自动大写不影响已有的文字。

图 8-13 "分栏设置"对话框

⑪ 字符集。显示代码页菜单,选择一个代码页并将其应用到选定的文字。

⑫ 合并段落。将选定的段落合并为一段并用空格替换每段的回车符。

⑬ 删除格式。删除选定字符的字符格式,或删除选定段落的段落格式,或删除选定段落中的所有格式。

⑭ 背景遮罩。显示"背景遮罩"对话框,如图 8-14 所示。这是 AutoCAD 2008 新增的功能,可以设置文本背景。

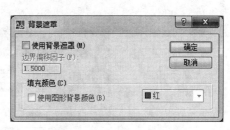

⑮ 编辑器设置。显示"文字格式"工具栏的选项列表:

a. 显示工具栏。控制"文字格式"工具栏的显示。

图 8-14　"背景遮罩"对话框

b. 显示选项。展开"文字格式"工具栏,以显示更多选项。

c. 显示标尺。控制标尺的显示。

d. 不透明背景。选定此选项会使编辑器背景不透明。默认情况下,编辑器是透明的。

e. 文字亮显颜色。显示软件的常规"选择颜色"对话框。指定选定文字时的亮显颜色。

第四节　编　辑　文　字

一、编辑文字

所输入的文字可以编辑属性或者文字内容。有两种方式: 使用 DDEDIT 命令或 DDMODIFY 命令。

1. DDEDIT 方式

DDEDIT 命令的启动方式如下:

- 命令行: DDEDIT。
- 菜单: 修改→文字。

激活该命令后,命令行提示如下:

选择注释对象或[放弃(U)]:

如果选择单行文字,则直接进入输入状态文本框,在其中输入新文字即可。

如果选择多行文字,软件将显示"文字格式"工具栏,修改所选择的文字。修改完毕,单击"确定"按钮使之生效。

2. DDMODIFY 方式

直接在命令行中键入该命令,系统将弹出"特性"选项板。然后选择文字,将可以修改文字的基本特性,包括颜色、线型、图层、文字样式、对齐、宽度等。多行文字特性和单行文字特性如图 8-15 所示。

图 8-15　多行文字特性和单行文字特性

二、快速显示文字

在图形中,如果输入了过多的文字,将会使缩放、刷新等操作变慢,尤其是使用了大量 True Type 字体和其他复杂格式字体时,影响更加明显。因此,软件提供了 QTEXT 命令,用于简化文本绘制,加快图形操作。

其操作过程如下:

命令:QTEXT✓
输入模式[开(ON)/关(OFF)]<关>:

当 QTEXT 处于打开状态时,系统用文字边框代替文字。当改变 QTEXT 状态后,必须用 REGEN 命令重新生成图形才能看到效果。而后面的新文字也将按照当前状态显示。

第五节　表格编辑

在 AutoCAD 中,提供了表格工具,用来将一些规律性注释内容等排列好。这些操作有些类似于 Word 和 Excel 中的表格操作,如明细栏就可以采用这种方式。

1. 从"插入表格"创建新表格

可以通过以下方式启动表格命令:

- 命令行:TABLE。
- 菜单:绘图→表格。
- 工具栏:"绘图"工具栏→表格按钮 ▦。

激活该命令后,系统弹出如图 8-16 所示的对话框。

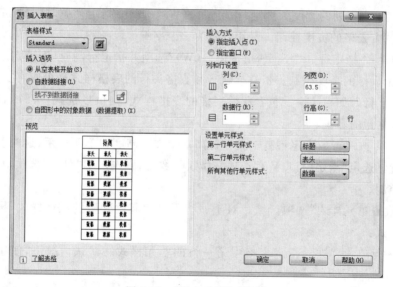

图 8-16　"插入表格"对话框

该对话框各部分内容如下:

(1)"表格样式"选项区域。在要创建表格的当前图形中选择表格样式。通过单击下拉列表旁边的按钮,用户可以创建新的表格样式。单击右侧按钮 ▦,可以打开"表格样式"对话框,建立新的样式。

(2)"插入选项"选项区域。指定插入表格的方式:

① 从空表格开始。创建可以手动填充数据的空表格。

② 自数据链接。键接至外部电子表格中的数据,并创建相应的 CAD 表格。

③ 自图形中的对象数据。启动数据提取向导。

（3）预览。显示当前表格样式的样例。

（4）"插入方式"选项区域。指定表格位置：

① 指定插入点。指定表格左上角的位置。可以使用定点设备，也可以在命令提示下输入坐标值。如果表格样式将表格的方向设置为由下而上读取，则插入点位于表格的左下角。

② 指定窗口。指定表格的大小和位置。可以使用定点设备，也可以在命令提示下输入坐标值。选定此选项时，行数、列数、列宽和行高取决于窗口的大小以及列和行的设置。

（5）"列和行设置"选项区域 设置列和行的数目和大小：

① 列。指定列数。选定"指定窗口（W）"选项并指定列宽时，"自动"选项将被选定，且列数由表格的宽度控制。如果已指定包含起始表格的表格样式，则可以选择要添加到此起始表格的其他列的数量。

② 列宽。指定列的宽度。选定"指定窗口（W）"选项并指定列数时，则选定了"自动"选项，且列宽由表格的宽度控制。最小列宽为一个字符。

③ 数据行。指定行数。选定"指定窗口（W）"选项并指定行高时，则选定了"自动"选项，且行数由表格的高度控制。带有标题行和表格头行的表格样式最少应有三行，最小行高为一个文字行。如果已指定包含起始表格的表格样式，则可以选择要添加到此起始表格的其他数据行的数量。

④ 行高。按照行数指定行高。文字行高基于文字高度和单元边距，这两项均在表格样式中设置。选定"指定窗口（W）"选项并指定行数时，则选定了"自动"选项，且行高由表格的高度控制。

（6）"设置单元样式"选项区域。对于那些不包含起始表格的表格样式，指定新表格中行的单元式：

① 第一行单元样式。指定表格中第一行的单元样式。默认情况下，使用标题单元样式。

② 第二行单元样式。指定表格中第二行的单元样式。默认情况下，使用表头单元样式。

③ 所有其他行单元样式。指定表格中所有其他行的单元样式。默认情况下，使用数据单元样式。

（7）单击"确定"按钮，可建立空表格，如图 8-17 所示。可以通过方向键移动单元位置，且输入其内容。

【说明】

在软件默认状态下，只显示表格内容，即不显示表格行号和列号。如果要在已有数据基础上建立表格，则可以进行如下操作：选择"自数据链接（L）"选项，单击按钮，弹出如

图 8-18 所示的对话框,选择已有数据链接或创建一个新的数据链接。单击"确定"按钮可以在图形中指定表格的插入点并插入。

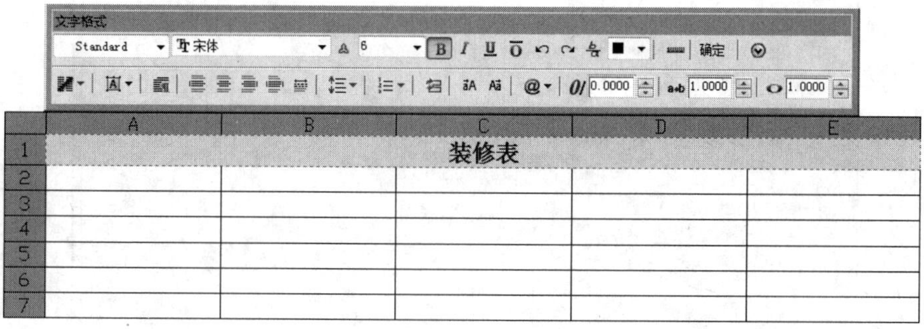

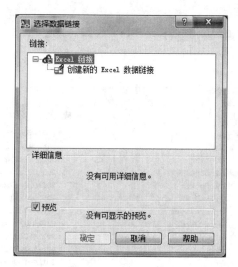

图 8-17　空表格

图 8-18　数据链接设置

2. 从数据提取创建表格

具体操作步骤如下:

(1) 执行"工具(T)"→"数据提取(X)…"菜单命令,或者在命令提示下输入"DATAEXTRACTION",系统弹出如图 8-19 所示的对话框。

(2) 在数据提取向导的"数据提取—开始"页面上,选中"创建新数据提取(C)"单选项。如果要使用样板(dxe 或 blk)文件,选中"将上一个提取用作样板"复选框。单击"下一步(N)"按钮,出现如图 8-20 所示的对话框。

(3) 在"将数据提取另存为"对话框中,指定数据提取文件的文件名。单击"保存(S)"

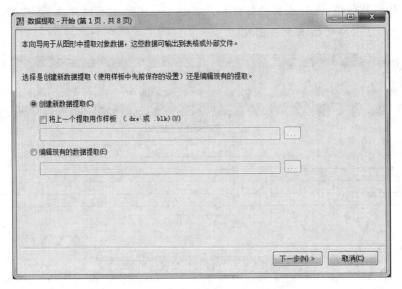

图 8-19　"数据提取"对话框

图 8-20　将"数据提取另存为"对话框

按钮,系统弹出如图 8-21 所示的页面。

　　(4)在"数据提取—定义数据源"页面上,指定要从中提取数据的图形或文件夹。单击"下一步(N)"按钮,出现如图 8-22 所示的页面。

　　(5)在"数据提取→选择对象"页面上,选择要从中提取数据的对象。单击"下一步

图 8-21 "数据提取—定义数据源"页面

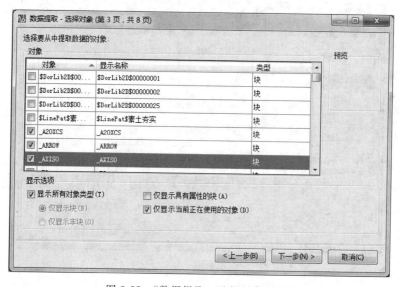

图 8-22 "数据提取—选择对象"页面

(N)"按钮,出现如图 8-23 所示的页面。

(6) 在"数据提取—选择特性"页面上,选择要从中提取数据的特性。单击"下一步(N)"按钮,出现如图 8-24 所示的页面。

(7) 在"数据提取—优化数据"页面上,如果需要则对列进行重排、排序及过滤等操

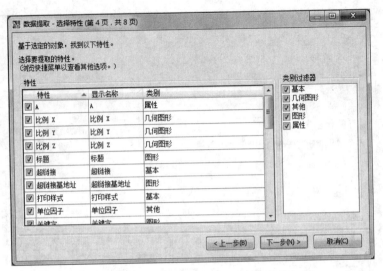

图 8-23 "数据提取—选择特性"页面

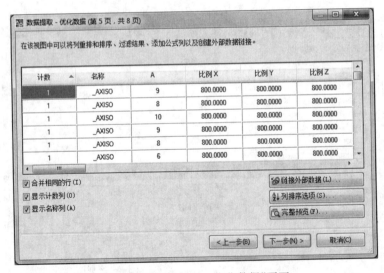

图 8-24 "数据提取—优化数据"页面

作。单击"下一步(N)"按钮,出现如图 8-25 所示的页面。

 (8) 在"数据提取—选择输出"页面上,选中"将数据提取处理表插入图形(I)"复选框,可以创建数据提取处理表。单击"下一步(N)"按钮,出现如图 8-26 所示的页面。

 (9) 在"数据提取—表格样式"页面上,如果已在当前图形中定义表格样式,则选择表格样式;如果已在表格样式中定义表格,则选择表格。如果需要,则输入表格的标题。单

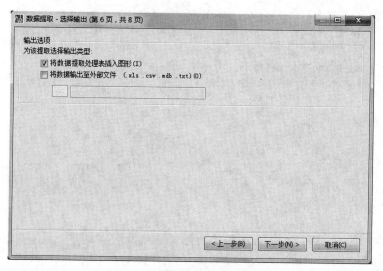

图 8-25　"数据提取—选择输出"页面

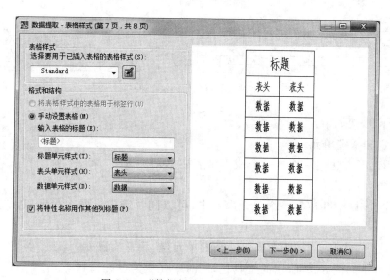

图 8-26　"数据提取—表格样式"页面

击"下一步(N)"按钮,出现如图 8-27 所示的页面。

(10) 在"数据提取—完成"页面中单击"完成(F)"按钮。

(11) 在图形中单击一个插入点,可以创建表格,如图 8-28 所示。

3. 表格的编辑修改

表格编辑包括单元锁定、合并、修改单元高度等。

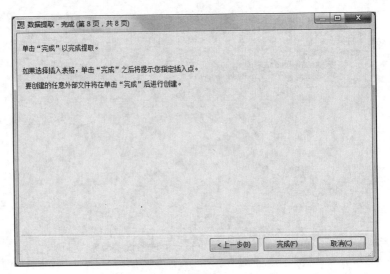

图 8-27   "数据提取—完成"页面

计数	名称	材质	透明度基线值	打印样式	单位因子	标单位	图层	颜色标类别号	文件大小	线宽	线型	参数时间	颜色
1	gdFsdgs			ByLayer	1.0000	点或点	AXIS		1806554	ByLayer	ByLayer	2010/9/2 18:18:15	ByLayer
4	功能			ByLayer	1.0000	点或点	家具		1806554	ByLayer	ByLayer	2010/9/2 18:18:15	ByLayer
6	ys			ByLayer	1.0000	点或点	家具		1806554	ByLayer	ByLayer	2010/9/2 18:18:15	ByLayer
10	ys			ByLayer	1.0000	点或点	家具		1806554	ByLayer	ByLayer	2010/9/2 18:18:15	ByLayer

图 8-28   创建表格示例

具体操作步骤如下：

（1）锁定和解锁单元。

① 使用以下方法之一选择一个或多个表格单元。

a. 在单元内单击。

b. 按住 Shift 键并在另一个单元内单击，可以同时选中这两个单元以及它们之间的所有单元。

c. 在选定单元内单击，拖动到要选择的单元，然后释放鼠标。

系统会弹出如图 8-29 所示的工具栏，同时单元变为可编辑状态。

图 8-29   表格编辑工具栏

② 使用以下选项之一可锁定及解锁单元。

a. 解锁单元。在"表格"工具栏上单击锁定按钮 ，选择"解锁"选项。

b. 锁定单元。在"表格"工具栏上单击锁定按钮，再选择"内容和格式已锁定"选项。

（2）使用夹点修改表格。

① 单击网格线以选中该表格，如图 8-30 所示。

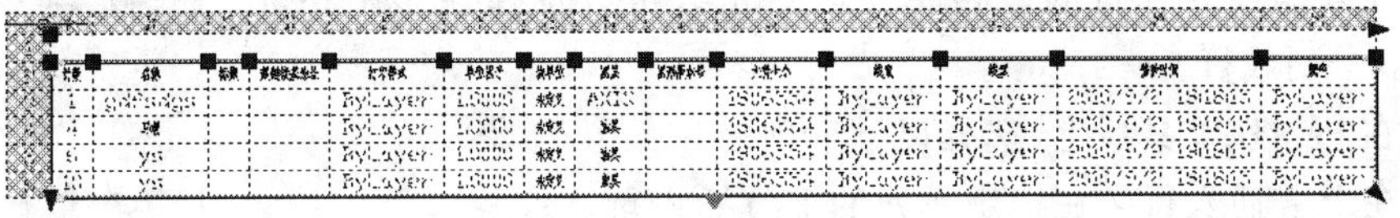

图 8-30　选中表格

② 使用以下夹点之一。

a. 左上夹点。移动表格。

b. 右上夹点。修改表宽并按比例修改所有列。

c. 左下夹点。修改表高并按比例修改所有行。

d. 右下夹点。修改表高和表宽并按比例修改行和列。

e. 列夹点（在列标题行的顶部）。加宽或缩小相邻列而不改变表宽。

f. Ctrl＋列夹点。将列的宽度修改到夹点的左侧，并加宽或缩小表格，以适应此修改。

最小列宽是单个字符的宽度。空白表格的最小行高是文字的高度加上单元边距。

（3）使用夹点修改表格中的单元。

① 选择一个或多个要修改的表格单元。

② 拖动顶部或底部的夹点，修改选定单元的行高，选中多个时，每行的行高做同样的修改。

③ 拖动左侧或右侧的夹点，修改选定单元的列宽，选中多个时，每列的列宽做同样的修改。

④ 在"表格"工具栏上单击合并单元按钮 ▦ ▾，合并选中的单元，选择了多个行或列中的单元，可以按行或按列合并。

（4）使用夹点将表格打断成多个部分。

① 单击网格线，以选中该表格。

② 单击表格底部中心网格线处的三角形夹点：

a. 当三角形指向下方时，表格打断，则处于非活动状态。新行将添加到表格的底部。

b. 当三角形指向上方时，表格打断，则处于活动状态。表格底部的当前位置是表格的最大高度。所有新行都将添加到主表格右侧的次表格部分中。

（5）修改表格的列宽或行高。

① 选择一个或多个要修改的表格单元。

② 点击鼠标右键，弹出快捷菜单，如图 8-31 所示。

③ 单击"特性(S)"选项，在"特性"选项的"单元"下，在"单元宽度"或"单元高度"文本

框中输入新的单元宽度值或单元高度值。

（6）在表格中添加列或行。

① 在要添加列或行的表格单元内单击。可以选择在多个单元内添加多个列或行。

② 在"表格"工具栏上，选择以下选项之一：

a. 在上方插入行。在选定单元的上方插入行。

b. 在下方插入行。在选定单元的下方插入行。

c. 在左侧插入列。在选定单元的左侧插入列。

d. 在右侧插入列。在选定单元的右侧插入列。

【注意】

新列或新行的单元样式将与最初选定的列或行的样式相同。如果要更改单元样式，在要更改的单元上点击鼠标右键，然后单击相应的单元样式选项，进行具体设置即可。

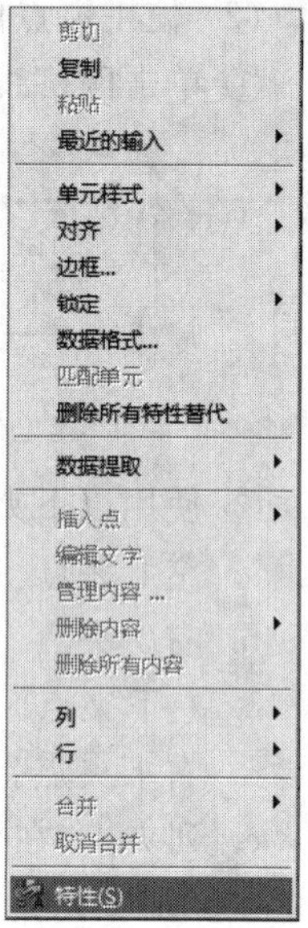

（7）在表格中合并单元。

① 选择要合并的表格单元。最终合并的单元必须是矩形。

② 在"表格"工具栏上单击合并单元按钮 🔳▾ 。如果要创建多个合并单元，使用以下选项之一：

图 8-31 修改表格快捷菜单

a. 全部。合并矩形选择范围内的所有单元。

b. 按行。水平合并单元，方法是删除垂直网格线，并保留水平网格线不变。

c. 按列。垂直合并单元，方法是删除水平网格线，并保留垂直网格线不变。

③ 开始在新合并的单元中输入文字，或按 Esc 键去除选择。

（8）在表格中删除列或行。

① 在要删除列或行中的表格单元内单击。

② 要删除行，在"表格"工具栏上选择删除行按钮 ▨ 。要删除列，在"表格"工具栏上选择删除列按钮 ▨ 。

【注意】

无法删除包含一部分数据链接的行和列。

4. 表格样式设置

表格的外观由表格样式控制。用户可以使用系统默认表格样式 Standard，也可以创建自己的表格样式。

创建新的表格样式时，可以指定一个起始表格。插入新表格时，可以创建单元样式并将其应用于表格样式。表格样式可以在每个类型的行中指定不同的单元样式，可以为文字和网格线显示不同的对正方式和外观，插入表格时指定这些单元样式。

表格可以由上而下或由下而上读取，其列数和行数无限制。表格单元样式的边框特性控制网格线的显示,这些网格线将表格分隔成单元。可以定义表格样式中任意单元样式的数据和格式,也可以覆盖特殊单元的数据和格式。

(1) 定义或修改表格样式。

① 执行"格式(O)"→"表格样式(B)…"菜单命令,或者在命令提示下输入"TABLESTYLE",系统弹出如图 8-32 所示的对话框。

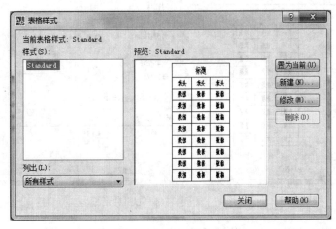

图 8-32 "表格样式"对话框

② 在"表格样式"对话框中,单击"新建(N)…"按钮,系统弹出如图 8-33 所示的对话框。

③ 在"创建新的表格样式"对话框中,输入新表格样式的名称。在"基础样式(S)"下拉列表中,选择一种表格样式作为新表格样式的默认设置。单击"继续"按钮,系统弹出如图 8-34 所示的对话框。

图 8-33 "创建新的表格样式"对话框

④ 在"新建表格样式"对话框中,单击选择表格按钮,可以在图形中选择一个要应用新表格样式设置的表格。在"表格方向(D)"下拉列表中,选择"向下"或"向上"。"向上"创建由下而上读取的表格;标题行和列标题都在表格的底部。在"单元样式"下拉列表中,选择要应用到表格的单元样式,或通过单击该下拉列表右侧的按钮,创建一个新单元样式。

⑤ 在"基本"选项卡中,选择或清除当前单元样式的以下选项:

a. 填充颜色。指定填充颜色。在下拉列表中选择"无"或选择一种背景色,或者单击"选择颜色…"选项,以显示"选择颜色"对话框。

b. 对齐。为单元内容指定一种对齐方式。

c. 格式。设置表格中各行的数据类型和格式。单击按钮,以显示"表格单元格

图 8-34　"新建表格样式"对话框

式"对话框,从中可以进一步定义格式选项,详见后面的内容。

　　d. 类型。将单元样式指定为标签或数据,在包含起始表格的表格样式中插入默认文字时使用,也用于在工具选项板上创建表格工具的情况。

　　e. 水平。设置单元中的文字或块与左、右单元边界之间的距离。

　　f. 垂直。设置单元中的文字或块与上、下单元边界之间的距离。

　　g. 创建行/列时合并单元。将使用当前单元样式创建的所有新行或列合并到一个单元中。

　　⑥ 在"文字"选项卡中(图 8-35),选择或清除当前单元样式有以下选项:

　　a. 文字样式。指定文字样式。选择文字样式,或单击按钮[....],打开"文字样式"对话框并创建新的文字样式。

　　b. 文字高度。指定文字高度。输入文字的高度。

　　c. 文字颜色。指定文字颜色。在下拉列表中选择一种颜色,或者单击"选择颜色…"选项显示"选择颜色"对话框。

　　d. 文字角度。设置文字角度。默认的文字角度为 0 度。可以输入 -359°~+359°之间

图 8-35　"新建表格样式"之"文字"选项卡

的任何角度。

⑦ 使用"边框"选项卡,如图 8-36 所示,可以指定以下选项控制当前单元样式表格网格线的外观:

a. 线宽。设置要用于显示边界的线宽。如果使用加粗的线宽,可能必须修改单元边距才能看到文字。

b. 线型。通过单击边框按钮,设置线型,以应用于指定边框。

c. 颜色。指定颜色,以应用于显示的边界。在下拉列表中选择"选择颜色…"选项,将显示"选择颜色"对话框。

d. 双线。指定选定的边框为双线型。可以通过在"间距(P)"文本框中输入值更改行距。

e. 边框显示按钮。应用选定的边框选项。对话框中的预览将更新显示设置后的效果。

⑧ 单击"确定"按钮。

(2) 定义或修改单元样式。

① 在图 8-34 中单击格式按钮,系统弹出如图 8-37 所示的对话框。

图 8-36　"新建表格样式"之"边框"选项卡

图 8-37　表格单元格式

各选项设置如下:

a. 数据类型。显示数据类型列表,从而可以设置表格行的格式。

b. 预览。显示在"格式(O)"列表中选定选项的预览。

用户可根据需要,根据引导程序进行设置。

③ 单击"确定"按钮,完成设置。

（3）在单元中插入文字。

表格单元数据可以包括文字和多个块。创建表格后，会亮显第一个单元，显示"文字格式"对话框时可以开始输入文字。通过在选定的单元中按 F2 键，可以快速编辑单元文字。

在表格中输入文字的步骤如下：

① 在表格单元内单击，将显示"文字格式"对话框，然后开始输入文字。

② 在单元中，使用箭头键在文字中移动光标。

③ 要在单元中创建换行符，按 Alt＋Enter 组合键。

④ 要替代表格样式中指定的文字样式，单击对话框中文字样式按钮旁的箭头并选择新的文字样式。选择的文字样式将应用于单元中的文字以及在该单元中输入的所有新文字。

⑤ 要替代当前文字样式中的格式，首先按以下方式选择文字。

a. 要选择一个或多个字符，在这些字符上单击并拖动定点设备。

b. 要选择词语，双击该词语。

c. 要选择单元中所有的文字，在单元中单击 3 次（还可以点击鼠标右键，然后单击"全部选择"）。

⑥ 在对话框上，按以下方式修改格式。

a. 要修改选定文字的字体，从列表格中选择一种字体。

b. 要修改选定文字的高度，在"文字高度(I)"文本框中输入新值。

c. 要使用粗体或斜体设置 True Type 字体的文字格式，或者创建任意字体的下画线文字，单击工具栏上的相应按钮。shx 字体不支持粗体或斜体。

d. 要向选定文字应用颜色，从"文字颜色(C)"列表格中选择一种颜色。在下拉列表中选择"选择颜色…"选项，可显示"选择颜色"对话框。

⑦ 使用键盘从一个单元移动到另一个单元。按 Tab 键可以移动到下一个单元。在表格的最后一个单元中，按 Tab 键可以添加一个新行。

⑧ 按 Shift＋Tab 组合键可以移动到上一个单元。

⑨ 要保存修改并退出，单击对话框上的"确定"按钮或按 Ctrl＋Enter 组合键。

（4）在单元中插入块。在表格单元中插入块时，块可以自动适应单元的大小，也可以调整单元以适应块的大小。可以通过"表格"工具栏或快捷菜单插入块，也可以将多个块插入到表格单元中。如果在表格单元中有多个块，必须使用"管理单元内容"对话框自定义单元内容的显示方式。

在表格中输入块的步骤如下：

① 在"表格"工具栏上，单击插入块按钮 ，弹出如图 8-38 所示的对话框。

② 在"在表格单元中插入块"对话框中，从图形的块列表格中选择块，或单击"浏览

(B)…"按钮查找其他图形中的块。

③ 指定块的以下特性。

a. 全局单元对齐。指定块在表格单元中的对齐方式。块相对于上、下单元边框居中对齐、上对齐或下对齐,相对于左、右单元边框居中对齐、左对齐或右对齐。

b. 比例。指定块参照的比例。输入值或选择"自动调整(A)"缩放块,以适应选定的单元。

c. 旋转角度。指定块的旋转角度。

④ 单击"确定"按钮。如果块具有附着属性,则显示"编辑属性"对话框。

⑤ 如果单元中含有多个块,则可以单击"表格"工具栏上的 按钮,系统弹出如图 8-39 所示的"管理单元内容"对话框。

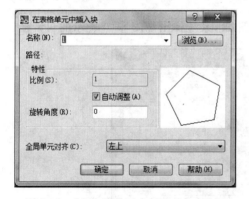

图 8-38　"在表格单元中插入块"对话框

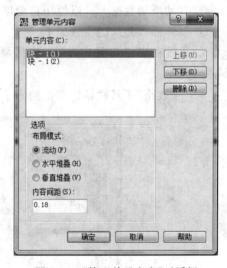

图 8-39　"管理单元内容"对话框

该对话框各选项的含义为:

a. "单元内容(C)"选项区域。按外观次序列出选定单元中的所有文字和/或块。文字用标签"表格单元文字"指示,块用块名之前的"块"指示。

b. 上移。将选定列表框内容在显示次序的位置上移。

c. 下移。将选定列表框内容在显示次序的位置下移。

d. 删除。将选定列表框内容从表格单元中删除。

e. 布局模式。更改单元内容的显示方向:

i. 流动。根据单元宽度放置单元内容。

ii. 水平堆叠。水平放置单元内容,不考虑单元宽度。

iii. 垂直堆叠。垂直放置单元内容,不考虑单元高度。

iv. 内容间距。确定单元内文字和/或块之间的间距。

（5）在表格单元中插入公式。表格单元可以包含使用其他表格单元中的值进行计算的公式。

① 输入公式。在公式中，可以通过单元的列字母和行号引用单元。公式必须以等号（＝）开始。用于求和、求平均值和计数的公式将忽略空单元以及未解析为数值的单元，可以使用"表格"工具栏 fx ▾ 插入公式。

② 复制公式。该操作和常规复制、粘贴操作一样。在表格中将一个公式复制到其他单元时，范围会随之更改，以反映新的位置。如果复制和粘贴公式时不希望更改单元地址，可在地址的列或行处添加一个美元符号（$）。例如，如果输入"$A10"，则列会保持不变，但行会更改。如果输入"A10"，则列和行都保持不变。

③ 自动增加数据。可以使用自动填充夹点，在表格内的相邻单元中自动增加数据。

④ 具体插入公式的步骤如下。

a. 通过在表格单元内单击，选择要放置公式的表格单元。屏幕将显示"表格"工具栏。

b. 在"表格"工具栏依次单击插入字段按钮 ⊟，系统弹出如图 8-40 所示的对话框。

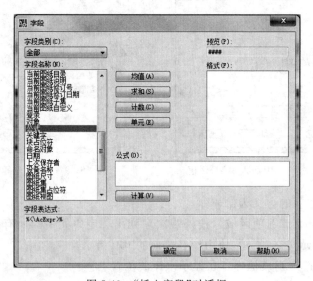

图 8-40 "插入字段"对话框

c. 在"字段名称（N）"列表框中选择"公式"，然后单击相应计算按钮，如"求和（S）"按钮，将显示以下提示：

选择表格单元范围的第一个角点：(在此范围的第一个单元内单击)
选择表格单元范围的第二个角点：(在此范围的最后一个单元内单击)

此时将打开在位文字编辑器并在单元中显示公式。编辑公式、保存修改并退出编辑器。

本 章 练 习

1. 运用绘图和编辑命令绘制下列图形,并进行文字标注。

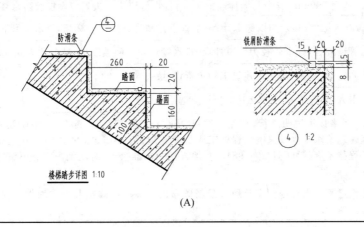

(A)

施 工 说 明
1:设计依据:《建筑给水排水设计规范》(GB50015—2003). 《建筑排水硬聚氯乙烯管道工程技术规程》(CJJ/T29—98). 《建筑给水排水及采暖工程施工质量验收规范》(GB50242—2002).
2:水源及水压状况:市政供水管网供给生活用水,常供水压 0.25MPa. 本建筑室外地坪标高为 —0.15m.
3:消防:在本建筑周围 120m 范围内应有室外消火栓;若无,应在外网设计中予以考虑.化粪池的选 择与定位在外网设计中予以考虑.
4:管材:(1)给水:管道采用 PP-R 冷水管,除和金属管,水表,阀门或洁具配件采用丝扣或法兰连 接,其余均应采用热熔方式连接;直埋暗管必须采用 热熔连接方式连接.管道 压力等级 采用 PN10.0 型. (2)排水管:排水管道采用 UPVC 管,粘接;地漏采用新形防溢地漏,地漏水封深度应大于等 于 50mm.
5:排水立管上检查口的设置见系统图,检查口中心距地面 1.0 米.排水横管与横管立管采用 45°斜三 角连接,当排水立管两侧均有排水横管需要接入时,采用 45°斜四通连接.排水痒痒管与排水出户 管端都采用两个 45°弯头连接.
6:手提灭火器设计概况:危险级别为轻危险级,火灾种类为 A 类.(1):采用磷酸铵盐干粉灭火器.在 房间内均设置灭火器;其内均配置两个 2kg 装灭火器.(2):灭火器箱放置位置详见平面图.

续表

施工说明
7：工程竣工后系统做 1.0MPa 的水压试验,1 小时内压力降≤0.05MPa,然后降至 0.35MPa 状态下,稳压 2 小时,压力降不大于 0.03Mpa;同时各连接处不渗,不漏为合格. 排水管道装竣后作充水试验,无渗漏现象为合格.
8：给水管道穿墙,楼板处应埋设套管. 套管应比穿行管道大 2 号,穿梁时套管比管道大一号,穿楼板处套管应高出地面 500mm,其余与墙体表面平齐;排水管道穿楼板处应设橡胶防水环.
9：标注：除标高以米记外,其余均以毫米计;给水管道标高为管道中心标高,排水为管底标高.
10：给水管径指管道外径,排水管径为管道外径. 排水管道除注明坡度外,坡度均为 0.026.
11：雨水外落水和空调冷凝水排水由建筑工种负责设计.
12：卫生洁具由甲方确定. 给水配件及卫生洁具应选用节能节水产品.
13：管道,施工应严格按本说明进行,在施工过程中应与土建工程密切配合;本说明及施工图中未详尽处,请按《建筑给水排水及采暖工程施工质量验收规范》(GB50242—2002)与《建筑排水硬聚氯乙烯管道工程技术规程》(CJJ/29—98)以及地方相关标准执行. 对图纸内容有不解之处应及时与设计人员联系.
14：凡在工程建设过程中出现的国家及地方最新颁布的相关验收规范及标准均作为验收依据;施工单位必须遵照执行.

(B)

2. 运用表格编辑命令,绘制下列表格。

门 窗 表

序号	门窗编号	洞口尺寸	数量	备 注
1	C1	1 700×500	3	
2	C2	1 500×600	1	
3	C3	1 500×500	3	墨绿色铝合盒窗
4	C4	1 500×1 000	2	
5	M1	900×2 100	3	木门

(B)

图中配电箱,线路敷设,灯具安装文字说明			
配电箱:	线路敷设:		灯具安装:
AW：电表箱	MR：用铝线槽敷设	F：暗敷在地面内	CS：链吊式
AP：电力配电箱	CT：用钢桥架敷设	CC：暗敷在顶板内	SW：线吊式
AL：照明配电箱	SC：穿焊接钢管敷设	WC：暗敷在墙内	P：管吊式
AX：插座箱	RC：穿镀锌钢管敷设	CLC：暗敷在柱内	W：壁装式
AA：低压配电屏	MT：穿电线管敷设	SCE：暗敷在吊顶内	R：嵌入式
AC：控制箱	PC：穿聚氯乙烯硬质塑料管敷设	WS：沿墙明敷	C：吸顶式
AE：应急照明配电箱	CP：穿金属软管敷设	CE：沿顶明敷	WR：墙壁嵌装

(C)

3. 绘制如下图所示的图框,并作为图块保存。

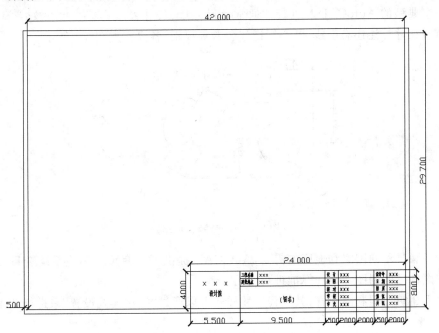

第九章

建筑工程 AutoCAD 尺寸标注

尺寸标注是工程图的重要组成部分。为此，AutoCAD 提供了功能强大的半自动尺寸标注。

第一节　建筑工程尺寸样式定义

一个典型的 AutoCAD 尺寸标注通常由尺寸线、尺寸界线、箭头、尺寸文字等要素组成。有些尺寸标注还有引线、圆心标记和公差等要素，各要素如图 9-1 所示。

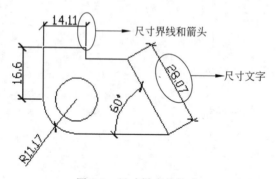

图 9-1　尺寸样式的构成

为了满足不同国家和地区的需要，AutoCAD 提供了一套尺寸标注系统变量，使用户可以按照自己的制图习惯和标准进行绘图。

对于建筑工程制图而言，其工程尺寸样式可以通过"标注样式设置"来进行调整。

第二节　线性尺寸标注

一、标注水平、垂直、指定角度的尺寸

线性尺寸标注用来标注直线和两点间的距离。

1. 启动

可以通过下面的方式激活该命令：

- 命令行：DIMLINEAR。
- 菜单：标注→线性。
- 工具栏："标注"工具栏→线性标注按钮 ⊟。

2. 操作方法

激活该命令后，命令行提示如下：

命令：_dimlinear↙

指定第一条尺寸界线原点或<选择对象>：(拾取点)

指定第二条尺寸界线原点：(拾取点)

指定尺寸线位置或[多行文字(M)/文字(T)/角度(A)/水平(H)/垂直(V)/旋转(R)]：

下面分别介绍各选项的含义：

① 指定尺寸线位置。当直接确定标注线的位置时，系统将自动测量长度值并将其标出。

② 多行文字。键入"M"并按 Enter 键，打开"文字格式"对话框，如图 9-2 所示。可利用此对话框输入文字并设置文字格式。

图 9-2　文字格式对话框

③ 文字。键入"T"并按 Enter 键，执行该选项，命令行提示如下：

输入标注文字<17>：(输入尺寸文字)

指定尺寸线位置或[多行文字(M)/文字(T)/角度(A)/水平(H)/垂直(V)/旋转(R)]：A↙

指定标注文字的角度：(输入文字的旋转角度)

输入的文字按输入值旋转一定角度，若输入值为正，则输入的文字按逆时针方向旋转；若输入值为负，则输入的文字按顺时针方向旋转。

④ 水平。输入该项后，命令行提示如下：

指定尺寸线位置或[多行文字(M)/文字(T)/角度(A)]：

在此提示下若直接确定标注线的位置，系统会自动测量并标注。其他选项含义和上面介绍的相同。

⑤ 垂直。此选项的功能与"水平(H)"项的功能相似。

⑥ 旋转。执行该选项，命令行提示如下：

指定尺寸线的角度<O>:(在此提示下输入标注线的角度值,结果系统自动测量出两条标注线之间的距离进行标注。若输入角度值为正则标注线按逆时针方向旋转,反之则按顺时针方向旋转)

二、对齐标注

该命令可以标注一条与两个尺寸界线的起止点对齐(平行)的尺寸线。

1. 启动

该命令激活方式有:

- 命令行:DIMALIGNED。
- 菜单:标注→对齐。
- 工具栏:"标注"工具栏→对齐标注按钮 ◥。

2. 操作方法

激活此命令后,命令行提示如下:

指定第一条尺寸界线原点或(选择对象>:
指定第二条尺寸界线原点:
指定尺寸线位置或[多行文字(M)/文字(T)/角度(A)]:

各选项的含义与线性标注一致,在此不再赘述。

三、坐标标注

坐标点标注沿一条简单的引线显示指定点的 X 或 Y 坐标。这些标注也称为坐标标注。

AutoCAD 使用当前 UCS 按照流行的坐标标注标准,采用绝对坐标值方式进行标注,并且在与当前 UCS 轴正交的方向绘制引线。

1. 启动

可以通过下面方法激活该命令:

- 命令:DIMORD ↙。
- 菜单:标注→坐标。
- 工具栏:"标注"工具栏→坐标标注按钮 ⊠。

2. 操作方法

激活该命令后,命令行提示如下:

命令:_dimordinate ↙
指定点坐标:
指定引线端点或[X基准(X)/Y基准(Y)/多行文字(M)/文字(T)/角度(A)]:

各选项含义如下:

(1) 引线端点：确定另外一点，根据已知两点的坐标差生成坐标尺寸。如果给出两点的 X 坐标之差大于两点的 Y 坐标之差，则生成 X 坐标，否则，生成 Y 坐标。

(2) X 基准：生成 X 坐标，执行该选项，命令行提示如下：

指定引线端点或[X基准(X)/Y基准(Y)/多行文字(M)/文字(T)/角度(A)]：

确定另一点，生成 X 坐标。

(3) Y 基准：坐标生成 Y 坐标，执行该选项，命令行提示如下：

指定引线端点或[X基准(X)/Y基准(Y)/多行文字(M)/文字(T)/角度(A)]：

确定另一点，生成 Y 坐标。

第三节　连续尺寸标注与基线尺寸标注

一、连续尺寸标注

该尺寸标注可以迅速地标注同一列或行上的尺寸，生成连续的尺寸线，有助于提高平面图中的"三道尺寸"的标注效率。在生成连续尺寸线前，首先应对第一条线段建立尺寸标注。

1. 启动
可通过以下方式激活该命令：
- 命令行：DIMCONTINUE ↙
- 菜单：标注→连续。
- 工具栏："标注"工具栏→连续标注按钮 ⊬。

2. 操作方法
激活此命令后，命令行提示如下：

指定第二条尺寸界线原点或[放弃(U)/选择(S)]<选择>：
起点与端点不能重合。

在此提示下可以直接选取第二条尺寸界线起点，标注出尺寸。若执行放弃选项，则取消前面标注的尺寸。

【注意】

连续标注必须有一个基本尺寸。

二、基线尺寸标注

所谓基线，是指任何尺寸标注的尺寸界线。与连续标注一样，在基线尺寸标注之前，应先标注出一个相应尺寸。

1. 启动

可以通过以下方式激活基线尺寸标注命令：

- 命令行：BIMBASELINE↙
- 菜单：标注→基线。
- 工具栏："标注"工具栏→基线标注按钮↷。

2. 操作方法

激活此命令后，命令行提示如下：

指定第二条尺寸界线原点或 [放弃 (U) /选择 (S)] <选择>：

在此提示下可以直接选取第二条尺寸界线起点，标注出尺寸。若执行放弃选项，则取消前面注释的尺寸。

【注意】

对于标注线之间的间距，可以通过系统变量 DIMDLI 进行设置。

第四节　径向尺寸标注

一、半径标注

用来标注圆弧和圆的半径。

1. 启动

可以通过以下方式激活标注半径命令：

- 命令行：DIMRAD。
- 菜单：标注→半径。
- 工具栏："标注"工具栏→半径标注图标◔。

2. 操作方法

激活此命令后，命令行提示如下：

选择圆弧或圆：(选取欲标注的圆或圆弧)
标注文字=当前值
指定尺寸线位置或 [多行文字 (M) /文字 (T) /角度 (A)]：

此提示的括号里有三种选项，分别用来控制标注的尺寸值和尺寸值的倾斜角度。

二、直径标注

用来标注圆或圆弧的直径。

1. 启动

可以通过下列方式激活该命令：

- 命令行：DIMDIA。
- 菜单：标注→直径。
- 工具栏："标注"工具栏→直径标注按钮 🚫。

2. 操作方法

激活该命令后，命令行提示如下：

选择圆弧或圆：(选取欲标注的圆或圆弧)
指定尺寸线位置或[多行文字(M)/文字(T)/角度(A)]：

此提示的括号里有三种选项，同"半径标注"。

三、弧长标注

用来标注圆弧的长度。

1. 启动

可以通过下列方式激活该命令：

- 命令行：DIMARC。
- 菜单：标注→弧长。
- 工具栏："标注"工具栏→弧长按钮 📏。

2. 操作方法

激活该命令后，命令行提示如下：

命令：_dimarc↙
选择弧线段或多段线弧线段：(选取欲标注的圆弧)
指定弧长标注位置或[多行文字(M)/文字(T)/角度(A)/部分(P)/引线(L)]：

此提示的括号里有五种选项，前三种不再叙述，下面讲解其他两种：
① 部分。只标注部分圆弧的长度。输入"P"后，命令行提示如下：

指定圆弧长度标注的第一个点：(指定圆弧上弧长标注的起点)
指定圆弧长度标注的第二个点：(指定圆弧上弧长标注的终点)
指定弧长标注位置或[多行文字(M)/文字(T)/角度(A)/部分(P)/]：

② 引线。添加引线对象。仅当圆弧(或弧线段)大于 90°时才会显示此选项。引线是按径向绘制的，指向所标注圆弧的圆心。输入"L"后，命令行提示如下：

指定弧长标注位置或[多行文字(M)/文字(T)/角度(A)/部分(P)/无引线(N)]：(指定点或输入选项)

"无引线(N)"选项可在创建引线之前取消"引线(L)"选项。要删除引线，需删除弧长标注,然后重新创建不带引线选项的弧长标注。

四、折弯标注

折弯标注也称为缩放半径标注。用来测量选定对象的半径,并显示前面带有一个半径符号的标注文字。可以在任意合适的位置指定尺寸线的原点。

1. 启动

可以通过下列方式激活该命令:

- 命令行:DIMJOGGED。
- 菜单:标注→折弯。
- 工具栏:"标注"工具栏→折弯按钮 。

2. 操作方法

激活该命令后,命令行提示如下:

命令:_dimjogged↙

选择圆弧或圆:(选择圆弧或者圆)

指定图示中心位置:(接受折弯半径标注的新中心点,以用于替代圆弧或圆的实际中心点)

标注文字=248.5

指定尺寸线位置或[多行文字(M)/文字(T)/角度(A)]:(指定位置或者输入选项)

指定折弯位置:(指定折弯的中点)

第五节　角　度　标　注

该命令用来标注圆弧的圆心角、圆上某段弧对应的圆心角、两条相交直线的夹角,或者根据三点标注夹角。

1. 启动

可以通过下列方式激活角度标注的命令:

- 命令行:DIMANG。
- 菜单:标注→角度。
- 工具栏:"标注"工具栏→标注角度按钮 。

2. 操作方法

激活该命令后,命令行提示如下:

选择圆弧、圆、直线或<指定顶点>:

(1)圆弧。当选择"圆弧"选项后,命令行提示如下:

指定标注弧线位置或[多行文字(M)/文字(T)/角度(A)/象限点(Q)]:

此提示的括号里有四种选项,前三种不再叙述,下面讲解最后一种:

象限点。指定标注应锁定到的象限。执行"象限点(Q)"选项后,将标注文字放置在角度标注外时,尺寸线会延伸以至超过尺寸界线。系统提示如下:

指定象限点:

(2)圆。当选取圆上一点后,将标注圆上某段弧的圆心角。命令行提示如下:

指定角的第二个端点:(选取同一圆上另外一点)
指定标注弧线位置或[多行文字(M)/文字(T)/角度(A)]:

标出角度值,它的尺寸界线通过所选的两点延长线交于圆心。若要修改角度值或角度值的倾斜角度,可通过括号内的选项完成。

(3)直线。当选取一直线时,命令行提示如下:

选择第二条直线:(选取与第一条直线相交的直线)
指定标注弧线位置或[多行文字(M)/文字(T)/角度(A)]:

标出两相交直线的夹角,至于标注锐角还是钝角,需通过鼠标拖动调整。若要修改角度值或角度值的倾斜角度,可通过括号内的选项完成。

(4)指定顶点。当直接按 Enter 键后,执行默认选项。命令行提示如下:

指定角的顶点:(输入作为角的顶点)
指定角的第一个端点:(输入角的第一个端点)
指定角的第二个端点:(输入角的第二个端点)
指定标注弧线位置或[多行文字(M)/文字(T)/角度(A)]:

根据三点标注一个角度,若要修改角度值或角度值的倾斜角度,可通过括号内的选项完成。

第六节　标注样式设置

一、文字样式设置

选择"格式(O)"菜单中的"文字样式(S)…"项,打开"文字样式"对话框,如图9-3所示。

在该对话框中设置字体字形。一般把用于尺寸标注的文本高度设为 0,以便用"注释"对话框中的文本高度设置尺寸标注的文本高度。如果不将该值设置为 0,它将取代"注释"对话框里的设置,使 DDIMTEXT 变量无法控制文本的高度。

在该对话框中,还可以根据需要新建文本样式,或更改样式的名称。设置好之后,单击"应用(A)"按钮,使全部设置生效。

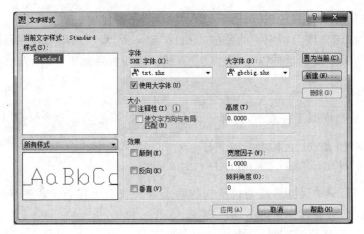

图 9-3　"文字样式"对话框

二、设置尺寸标注样式

AutoCAD 中可以利用对话框设置尺寸标注样式,它比以前版本利用 DIM、DIM1 等标注命令设置更简单、更快捷。

1. 启动

可以通过以下方式打开"标注样式管理器"对话框:

- 命令行:DDIM。
- 菜单:标注→标注样式。

2. 操作方法

激活该命令后,弹出如图 9-4 所示的"标注样式管理器"对话框。

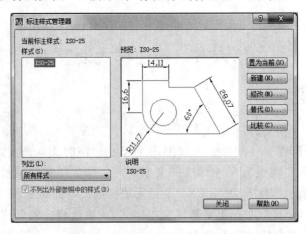

图 9-4　"标注样式管理器"对话框

下面介绍该对话框中各选项的含义：

（1）当前标注样式。显示目前选定的尺寸样式。

（2）样式。显示目前图形中所包含的样式，根据"列出（L）"项设置确定。如果选中了"不列出外部参照中的样式（D）"复选框，则列表中不列出。

（3）列出。用来确定在"样式（S）"窗口中的显示情况。"列出（L）"下拉列表中有"所有样式"和"正在使用的样式"两个选项。

（4）预览。用来对选中标注样式（不一定为当前尺寸样式）标注的尺寸进行预览。如果当前的尺寸样式是 ISO-25，则在"预览"窗口中显示 ISO-25 尺寸样式。通过此预览窗口，可以很快选出合适的尺寸样式。

（5）说明。用来说明当前尺寸样式。

（6）置为当前。用来设置当前尺寸样式。在"样式（S）"窗口中选取当前预计尺寸样式，然后单击"置为当前（U）"按钮，这样就把所选设置作为当前的尺寸样式。

（7）新建。用来创建新的尺寸样式。单击"新建（N）…"按钮，弹出"创建新标注样式"对话框，如图 9-5 所示。

图 9-5　"创建新标注样式"对话框

该对话框中各项的含义如下：

① 新样式名。用来输入创建的尺寸样式的名字。在其中输入"副本 ISO-29"作为新的尺寸样式的名字。

② 基础样式。包含所有的尺寸样式，用来作为新尺寸样式的设置基础。在此下拉列表中选取"ISO-25"选项，然后单击"继续"按钮，打开如图 9-6 所示"新建标注样式"对话框。此对话框的尺寸样式与 ISO-25 尺寸样式完全相同。在打开的尺寸样式基础上对 ISO-29 尺寸样式进行设置。

③ 用于。列出"所有标注"、"角度标注"、"半径标注"、"直径标注"、"坐标标注"、"引线和公差标注"6 个选项，分别标注所有的线性尺寸、角度尺寸、半径尺寸、直径尺寸、坐标标注、引线和公差标注。若只选取"半径标注"选项，则仅对半径尺寸进行标注。

（8）修改。单击此按钮，打开"修改标注样式"对话框，如图 9-7 所示。

图 9-6 "新建标注样式"的具体设置

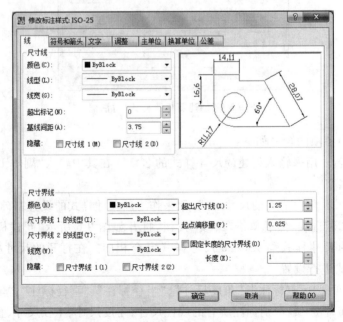

图 9-7 "修改标注样式"的具体设置

此对话框中有 7 个用来设置标注样式的标签："线"、"符号和箭头"、"文字"、"调整"、"主单位"、"换算单位"、"公差"。下面简单介绍它们的含义。

① 线。选择此标签，打开如图 9-7 所示的选项卡，利用该选项卡可以设定尺寸线和尺寸界线。它们的含义分别如下：

a. 尺寸线。"颜色(C)"下拉列表用来设置标注线的颜色，从中可以选取需要的颜色。"线型(L)"下拉列表用来选择尺寸线线型。"线宽(G)"下拉列表用来选择标注线的粗细。"超出标记(N)"下拉列表用来控制尺寸线延伸到尺寸界线外的长度。"基线间距(A)"用来控制连续尺寸标注时两尺寸线之间的距离。"隐藏"所对应的"尺寸线 1(M)"和"尺寸线 2(D)"用来控制尺寸线第一部分和第二部分的可见性，选择后的标注效果，可以在预览框中显示。

b. 尺寸界线。"颜色(R)"下拉列表用来控制尺寸界线的颜色。"尺寸界线 1 的线型(I)"和"尺寸界线 2 的线型(T)"下拉列表用来设置左、右两个尺寸界线的颜色。"线宽(W)"下拉列表用来控制尺寸界线重量。"超出尺寸线(X)"用来控制尺寸界线越过标注线的距离。"起点偏移量(F)"用于控制尺寸界线到定义点的距离。"隐藏"所对应的两个"尺寸界线 1(1)"和"尺寸界线 2(2)"用来设置第一条尺寸界线与第二条尺寸界线的可见性。若"尺寸界线 1(1)"和"尺寸界线 2(2)"都被选中，两条尺寸线均不显示。"固定长度的尺寸界线(O)"复选框决定尺寸界线是否固定，并可以通过"长度(E)"文本框决定其大小。选择后的标注效果，可以在预览框中显示。

② 符号和箭头。选择此标签，打开如图 9-8 所示的选项卡，利用该选项卡可以设定箭头、圆心标记、标注符号等。

它们的含义分别如下：

a. 箭头。"第一个(T)"用来设置第一条标注线的箭头。"第二个(D)"用来设置第二条标注线的箭头。"引线(L)"用来设置引线标注的箭头。箭头形状分别可以通过对应的下拉列表选取，绘制建筑图纸，可选择建筑标记，如图 9-8 所示。"箭头大小(I)"用来控制箭头的尺寸大小。

b. 圆心标记。有三种类型，即直线、无、标记，用来确定标记类型。圆心标记大小下拉列表用来确定标记的大小。

c. 折断标注。利用"折断大小(B)"下拉列表确定折断标注的大小。

d. 弧长符号。利用"弧长符号"区选项确定是否放置弧长符号。

e. 半径折弯标注。利用"折弯角度(J)"文本框确定折弯标注。

f. 线性折弯标注。利用"折断高度因子(F)"文本框确定折弯标记相对于文字高度的大小。

③ 文字。选择此标签，打开如图 9-9 所示的选项卡，利用该选项卡可以设定文字外观、文字位置和文字对齐。它们的含义分别如下：

图 9-8 修改标注符号和箭头的具体设置

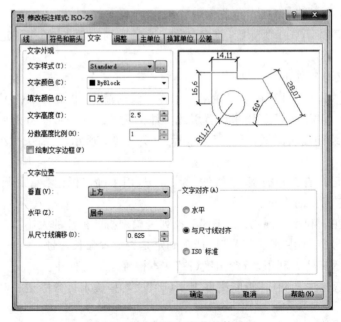

图 9-9 修改标注文字的具体设置

a. 文字外观。"文字样式(Y)"下拉列表用来设置文本样式,其对应的右侧有一个小按钮,单击此按钮,打开下拉列表,从中可以选择文本样式。"文字颜色(C)"下拉列表用来设置尺寸文本的颜色。"填充颜色(L)"用来设置文字背景颜色。"文字高度(T)"用来确定尺寸文本的高度,其高度值可通过下拉列表选择或输入。"分数高度比例(H)"用来确定尺寸文本的高度比例值,其比例值可从下拉列表中选取或输入高度比例因子。选取"绘制文字边框(F)"项,那么标注的尺寸用方框框起来,如图 9-10 所示。

b. 文字位置。"垂直(V)"和"水平(Z)"可通过下拉列表来分别控制尺寸文本相对尺寸线的对齐和尺寸文本沿水平方向放置时的位置。

c. 文字对齐。用来确定位于尺寸界线内外的文本是水平标注还是与标注线平行的标注。

④ 调整。选取此标签,打开如图 9-11 所示的选项卡,其中有"调整选项(F)"、"文字位置"、"标注特征比例"、"优化"等几个区域。

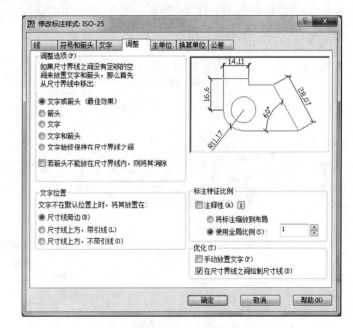

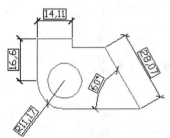

图 9-10　绘制文字边框效果　　　　　　　图 9-11　修改标注"调整"的具体设置

a. 调整选项。该选项框用来根据尺寸界线之间的空间大小调整放置尺寸文本的位置。它包括 6 种单选项。"文字或箭头(最佳效果)"表明如果尺寸界线之间的空间不足,系统自动将文字或箭头放在尺寸界线之外,或者将两者都放在尺寸界线之外。"箭头"表明如果尺寸界线之间的空间不足,系统自动将箭头放在尺寸界线之内,将文本放在尺寸界线之外,否则,将两者都放在尺寸界线之外。"文字"表明如果尺寸界线之间的空间不足,系统自动将文字放在尺寸界线之内,将箭头放在尺寸界线之外,否则,将两者都放在尺寸界线之外。"文字和箭头"表明如果尺寸界线之间的空间不足,系统自动把文字和箭头放在尺寸界线之外,移动尺寸文本时尺寸界线自动移动。"文字始终保持在尺寸界线之间"表明,即使尺寸界线之间的空间不足,尺寸文本也放在尺寸界线之间。"若箭头不能放在尺寸界线内,则将其消除"复选框表明,如果在尺寸界线之间没有足够的空间,就强行去掉箭头。

　　b. 文字位置。该选项框用来当设置文本处于非默认状态时,调整放置尺寸文本的位置。

　　c. 标注特征比例。该选项框有两个单选项,其中"使用全局比例(S)"用于设置尺寸元素的比例因子,使之与当前图形的比例因子一致。"将标注缩放到布局"选项表明若选取该项,系统则自动根据当前模型空间视区和图纸空间之间的比例设置比例因子。

　　d. 优化。系统自动选择尺寸文本放置的位置,以最佳效果显示。

　　⑤ 主单位。单击此标签,打开如图 9-12 所示的选项卡,其中有"测量单位比例"、"消零"、"角度标注"等 5 个区域。

图 9-12　修改标注"主单位"的具体设置

下面分别介绍它们的含义:

　　a. 线性标注。"单位格式(U)"用来确定单位形式;"精度(P)"用来确定线性尺寸的精确度;"分数格式(M)"用来确定分数形式;"小数分隔符(C)"用来确定小数点形式;"前缀(X)"用于控制放置在尺寸文本前的文本;"后缀(S)"用于控制放置在尺寸文本后的文本。

b. 测量单位比例。通过"比例因子(E)"选项确定直线型尺寸测量值与实际值的比例因子,通过"仅应用到布局标注"选项控制当前的模型空间视窗与图纸空间的比例因子。

c. 消零。通过选项设置控制是否省略尺寸标注时的零。

d. 角度标注。通过"单位格式(A)"确定标注角度型尺寸时所使用的单位。通过"精度(O)"下拉列表确定标注角度型尺寸时的尺寸精度。

e. 消零(右下部)。通过选项的设置控制是否省略标注角度型尺寸时的零。

⑥ 换算单位。用来对替换对象进行设置。单击此标签,打开如图 9-13 所示的选项卡,选取"显示换算单位(D)",可以对其中的"换算单位"、"消零"、"位置"窗口选项进行设置,否则对其不能进行设置。下面分别介绍它们的含义。

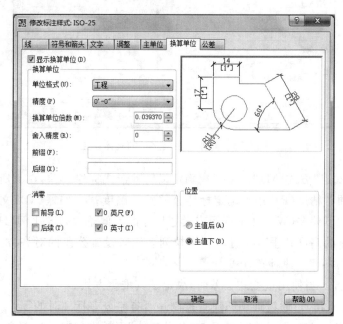

图 9-13　修改标注"换算单位"的具体设置

a. 换算单位。"单位格式(U)"用来设置辅助单位所选用的单位制;"精度(P)"用来设置辅助单位的尺寸精度;"换算单位倍数(M)"用来设置辅助单位乘数值;"前缀(F)"、"后缀(X)"用来为所标注的尺寸加上固定的前缀或后缀。

b. 消零。通过选项的设置控制是否省略辅助单位尺寸标注时的零。

c. 位置。"主值后(A)"表明辅助标注放在尺寸线的后面,"主值下(B)"表明辅助标注放在尺寸线的下面。

⑦ 公差。用来确定公差标注的方式。单击此标签,打开如图 9-14 所示的选项卡。该选项卡中各选项区域的含义分别如下。

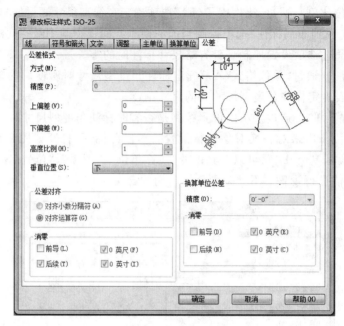

图 9-14　修改标注"公差"的具体设置

　　a. 公差格式。"方式(M)"选项用来确定以何种形式标注公差,在其所对应的下拉列表中有 5 个选项;"精度(P)"用来确定标注公差的精确度;"上偏差(V)"文本框用来设置尺寸的上偏差;"下偏差(W)"文本框用来设置尺寸的下偏差;"高度比例(H)"下拉列表用来设置公差文字的高度;"垂直位置(S)"下拉列表用来设置公差的对齐方式,其下拉列表中有"上"、"中"、"下"三种对齐方式。

　　b. 公差对齐。当使用重叠式公差时,决定了其堆叠方式。

　　c. 消零(左下角)。通过选项的设置控制是否省略公差标注时的零。

　　d. 换算单位公差。区域中的选项与"公差格式"区域中的对应选项含义基本相同,此窗口仅是对辅助单位公差而言的。

三、多重引线样式

对于多重引线而言,其样式也是可以进行设置的。

1. 启动

可以通过以下方式打开"多重引线样式管理器"对话框:

• 命令行:MLEADERSTYLE。

- 菜单：格式→多重引线样式。

2. 操作方法

激活该命令后,弹出如图 9-15 所示的"多重引线样式管理器"对话框。

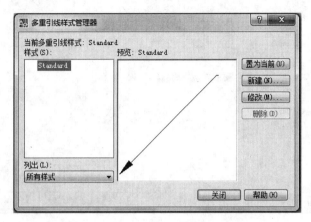

图 9-15　"多重引线样式管理器"对话框

该对话框中各选项的含义是：

（1）当前多重引线样式。显示应用于所创建的多重引线样式的名称。默认样式为 Standard。

（2）样式。显示多重引线列表。

（3）列出。控制"样式（S）"列表的内容。含"所有样式"和"正在使用的样式"两个选项。

（4）预览。显示"样式（S）"列表中选定样式的预览图像。

（5）置为当前。将"样式（S）"列表中选定的多重引线样式设置为当前样式。

（6）新建。显示"创建新多重引线样式"对话框,如图 9-16 所示,从中可以定义新多重引线样式。其操作与文本样式创建基本一致。

图 9-16　"创建新多重引线样式"对话框

（7）修改。显示"修改多重引线样式"对话框,如图 9-17 所示,从中可以修改多重引线样式。

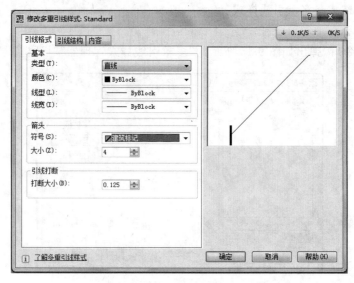

图 9-17 "修改多重引线样式"对话框

（8）删除。删除"样式（S）"列表中选定的引线样式，但不能删除图形中正在使用的样式。

3. 修改多重引线样式。

（1）引线格式，"引线格式"选项卡如图 9-17 所示。

①"基本"，选项区域控制多重引线的基本外观：

a. 类型。确定引线类型，可以选择直引线、样条曲线或无引线。

b. 颜色。确定引线的颜色。

c. 线型。确定引线的线型。

d. 线宽。确定引线的线宽。

②"箭头"选项区域控制多重引线箭头的外观：

a. 符号。设置多重引线的箭头符号。

b. 大小。显示和设置箭头的大小。

③"引线打断"选项区域控制将打断标注添加到多重引线时使用的设置。"打断大小（B）"文本框显示和设置选择多重引线后用于 DIMBREAK 命令的打断大小。

（2）引线结构。"引线结构"选项卡如图 9-18 所示。

①"约束"选项区域控制多重引线的约束：

a. 最大引线点数。指定引线的最大点数。

b. 第一段角度。指定引线中第一个点的角度。

c. 第二段角度。指定多重引线基线中第二个点的角度。

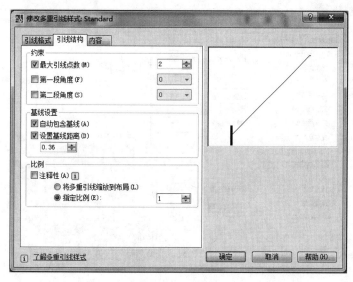

图 9-18 "修改多重引线样式"中"引线结构"对话框

② "基线设置"选项区域控制多重引线的基线设置：

a. 自动包含基线。将水平基线附着到多重引线内容。

b. 设置基线距离。为多重引线基线确定固定距离。可以在文本框中直接输入。

③ "比例"选项区域控制多重引线的缩放。"注释性（A）"指定多重引线为注释性。单击信息图标可以了解有关注释性对象的详细信息。如果多重引线非注释性，则以下选项可用：

a. 将多重引线缩放到布局。根据模型空间视口和图纸空间视口中的缩放比例确定多重引线的比例因子。

b. 指定比例。指定多重引线的缩放比例。可以在文本框中直接输入。

（3）内容。"内容"选项卡如图 9-19 所示。

① 多重引线类型。确定多重引线是包含文字还是包含块。如果多重引线包含多行文字，则选项卡上的其他选项可用。

② "文字选项"选项区域控制多重引线文字的外观：

a. 默认文字。为多重引线内容设置默认文字。单击按钮将启动在位文字编辑器。

b. 文字样式。指定属性文字的预定义样式。显示当前加载的文字样式。

c. 文字角度。指定多重引线文字的旋转角度。

d. 文字颜色。指定多重引线文字的颜色。

e. 文字高度。指定多重引线文字的高度。

f. "始终左对正（L）"复选框指定多重引线文字始终左对齐。

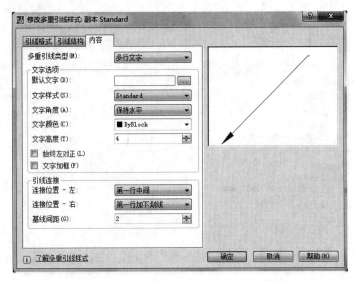

图 9-19 "修改多重引线样式"中"内容"选项卡

g. "文字加框(F)."复选框使用文本框对多重引线文字内容加框。

③ "引线连接"选项区域控制多重引线的引线连接设置：

a. 连接位置一左。控制文字位于引线左侧时基线连接到多重引线文字的方式。

b. 连接位置一右。控制文字位于引线右侧时基线连接到多重引线文字的方式。

c. 基线间距。指定基线和多重引线文字之间的距离。

④ "块选项"。如果多重引线包含块,则"内容"选项卡如图 9-20 所示,"块选项"选项区域可用,控制多重引线对象中块内容的特性。包括以下选项：

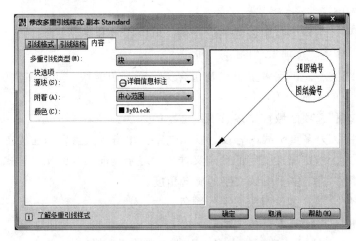

图 9-20 "内容"选项卡之"块选项"

a. 源块。指定用于多重引线内容的块。

b. 附着。指定块附着到多重引线对象的方式。可以通过指定块的范围、块的插入点或块的中心点附着块。

c. 颜色。指定多重引线块内容的颜色。默认情况下，选择"ByBlock"。

第七节　编辑尺寸标注和放置文本

所建立的尺寸标注可以随时修改其内容，并编辑其放置位置。另外，可以决定尺寸的具体关联性。

一、尺寸标注编辑

1. 启动

通过下列方法可以激活编辑命令：

- 命令行：DIMEDIT。
- 工具栏："标注"工具栏→编辑标注按钮 ▣ 。

2. 操作方法

激活该命令后，命令行提示如下：

输入标注编辑类型 [默认 (H) /新建 (N) /旋转 (R) /倾斜 (O)]<默认>：

各选项的含义分别如下：

（1）默认。按默认位置、方向放置尺寸文本，命令行提示如下：

选择对象：(选取尺寸对象)

软件继续提示"选择对象："以不断选取尺寸对象。

（2）新建。执行该选项，弹出"文字格式"对话框，改变尺寸文本及其特性。设置完毕后，单击"确定"按钮，关闭此对话框。命令行提示如下：

选择对象：(选取尺寸对象)

原来的尺寸文本被修改为新的尺寸文本。

【注意】

若改变一次文本选择多次尺寸对象，则选择全部修改后的尺寸为同一个值。

（3）旋转。此选项是对尺寸文本按给定的角度进行旋转，执行该选项，命令行提示如下：

指定标注文字的角度：(输入角度值)
选择对象：

在此提示下选取尺寸对象。软件继续提示"选择对象："，不断选取尺寸对象。

【注意】

若输入的角度值为正，则按逆时针方向旋转；反之，按顺时针方向旋转。

（4）倾斜。此项用来对长度型标注的尺寸进行编辑，使尺寸界线以一定的角度倾斜。执行该命令，命令行提示如下：

选择对象：(选取尺寸对象)
选择对象：↙
输入倾斜角度(按 ENTER 表示无)：

在此提示下若输入一定的角度值并按 Enter 键，则尺寸界线根据输入的角度值旋转，并且输入正值则按逆时针方向旋转，反之则按顺时针方向旋转。

二、放置尺寸文本位置

在这一部分中主要讲述尺寸文本位置的改变，可以把文本放置在尺寸线的中间、左对齐、右对齐，或把尺寸文本旋转一定的角度。

1. 启动

通过下列方法可以激活该标注编辑命令：

- 命令行：DIMTEDIT。
- 菜单：标注→对齐文字→相应菜单选项。
- 工具栏："标注"工具栏→编辑标注文字按钮 。

2. 操作方法

激活该命令后，命令行提示如下：

选择标注：(选择尺寸标注)
指定标注文字的新位置或[左(L)/右(R)/中心(C)/默认(H)/角度(A)]：

各选项的含义分别如下：

（1）标注文字的新位置。此项为默认选项，拖动十字光标可以把尺寸文本拖放到任意位置。

（2）角度。此选项用来使尺寸文本旋转一定的角度，执行该选项，命令行提示如下：
指定标注文字的角度：

在此提示下输入尺寸文本的旋转角度值，输入正角度值，尺寸文本以逆时针方向旋转；反之，按照顺时针方向旋转。

（3）默认。此选项的功能是把用角度选项修改的文本恢复到原来的状况。

（4）左/右/中心。此选项的功能是使尺寸文本靠近尺寸左边界/右边界/中心。执行相应选项后，尺寸文本自动放置到左边界/右边界/中心。

三、尺寸关联

在 AutoCAD 中,尺寸标注可以同标注对象相关联,这样当对象形状发生变化时尺寸也随之变化。具体操作过程为:

(1)依次选择"工具(T)"菜单中"选项(N)…"子菜单下的"用户系统配置",如图 9-21所示。

图 9-21　"关联标注"设置

(2)在"关联标注"中选中"使新标注可关联(D)"复选框,按"确定"按钮。它将对以后的尺寸标注产生影响。

(3)选择快速标注方式,标注后通过拖动等方式更改被标注对象,观察其尺寸标注效果。可以看到,尺寸将发生相应变化。

本 章 练 习

1. 绘制下列图形并标注尺寸。

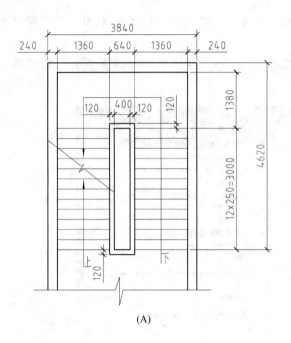

(A)

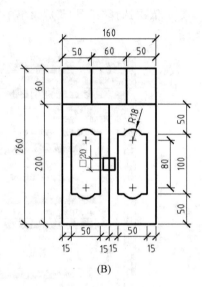

(B)

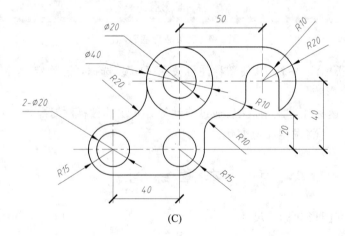

(C)

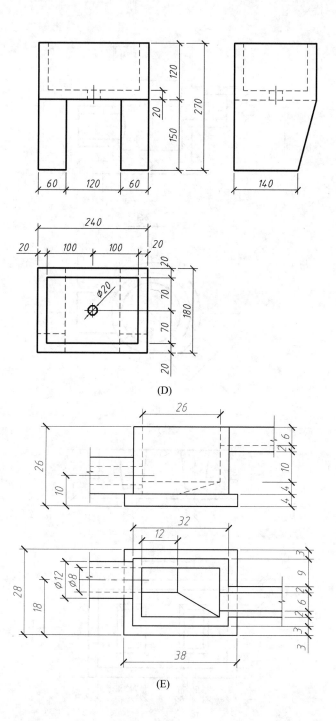

(D)

(E)

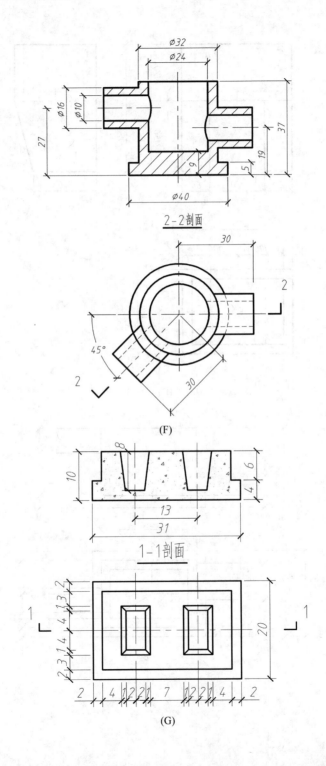

2-2剖面

(F)

1-1剖面

(G)

第十章

建筑工程 AutoCAD 打印管理

使用 AutoCAD 能够绘制任意复杂的二维图形和三维图形以表达用户的设计思想，但是一张设计好的图纸是用来与其他设计人员进行交流的，这就需要对绘制好的图形进行后置处理，包括制作幻灯片、建立布局、设置页面、打印图纸以及数据交换等。

第一节　模型空间与图纸空间

AutoCAD 提供了两种绘图环境：模型空间（model space）和图纸空间（paper space），用于创建和布置图形。通常在模型空间中绘制需要的图形，准备绘图输出时切换到图纸空间布局中设置图形的布局。

一、基本概念

所谓模型空间，是指用于建立模型的环境。模型就是用户所画的图形，可以是二维或者三维的。AutoCAD 使用图标▦表明当前用户的工作空间为模型空间。

图纸空间是 AutoCAD 专为规划绘图布局而提供的一种绘图环境。作为一种工具，图纸空间用于在绘图输出之前设计模型的布局。当准备打印图形时，可以创建或使用某一个布局。AutoCAD 用图标▧表明当前用户的工作空间为图纸空间。

同模型空间类似，在图纸空间的绘图窗口可以设置多个浮动视口。之所以称之为浮动视口，是因为能根据需要确定视口的大小和位置，并可以对其进行移动、旋转、比例缩放等编辑操作。每个浮动视口可以显示用户模型的不同视图，但在图纸空间中不能编辑在模型空间中创建的模型。在图纸空间中绘制的图形对象在模型空间中是不可见的。

如果要修改浮动视口中的视图，就必须从该视口进入模型空间。从图纸空间中的浮动视口进入模型空间时，这个模型空间称为浮动模型空间。软件将模型空间的图标显示在每个视口中，表明用户工作的空间为通过浮动视口进入的模型空间。

在浮动模型空间中，既可以观察图纸的整体布局，又可以对模型进行编辑。浮动视口的操作与平铺视口基本一致。除此之外，可以对每一浮动视口设置层的可见性，即用户可以在某一视口冻结一个层，而在其他视口解冻或打开该层。

二、工作空间的切换

1. 模型空间与图纸空间的切换

软件开始绘制一个新图形时,总是将工作空间默认为模型空间,可通过如下方法切换工作空间:

(1) 由模型空间切换到图纸空间。

① 单击绘图窗口底部布局选项卡中的某一布局选项卡。

② 将 TILEMODE 系统变量的值设置为 1,切换到最近使用过的布局中。

③ 当用户使用布局向导创建一个新的布局后,软件自动切换到新建的布局。

④ 使用 LAYOUT 命令中的"设置(S)"选项切换到需要的布局中。

(2) 由图纸空间布局切换到模型空间。

① 单击绘图窗口底部的"模型"选项卡。

② 将 TILEMODE 系统变量的值设置为 0。

③ 在命令行中输入"MODEL"命令,切换到模型空间中。

④ 使用 LAYOUT 命令的"设置(S)"选项输入"模型"。

当第一次从模型空间切换到某一布局中时,如果"选项"对话框"显示"选项卡中"新建布局时显示页面设置管理器(G)"复选框被选中,软件将显示"页面设置"对话框。默认情况下,软件在布局中用一个带阴影的白色区域表示图纸。在图纸上用一个虚线的矩形表明可打印的有效范围,并创建一个浮动视口。用户可以在"选项"对话框的"显示"选项卡的"布局元素"选项区域中设置这些特性。

2. 图纸空间与浮动模型空间的切换

在图纸空间布置图形时,如果需要编辑修改图形,则必须切换到模型空间(平铺的模型空间或浮动模型空间)。如果切换到浮动模型空间,可以在显示图纸空间整体布局的同时编辑修改图形。通过以下方法切换图纸空间与浮动模型空间。

(1) 由布局图纸空间到浮动模型空间。

① 在命令行中输入"MSPACE"命令,软件将布局图纸空间切换到浮动模型空间。

② 单击状态栏中的"图纸"按钮,软件将布局图纸空间切换到浮动模型空间,并将"图纸"按钮变成"模型"按钮。

(2) 由浮动模型空间到图纸空间。

① 在命令行中输入"PSPACE"命令,从浮动模型空间切换到布局图纸空间。

② 单击状态栏中的"模型"按钮,由浮动模型空间切换到图纸空间。

③ 在浮动模型空间的视图中,双击浮动视口外面的任意一点即可。

进入浮动模型空间后,可以像在平铺的模型空间中一样编辑、修改、查看图形。浮动模型空间中的每一个视口与图纸空间中的浮动视口相对应。用户可以切换活动视口,也可以单独控制每一视口中层的特性。

第二节　布　局　管　理

布局实质上就是图纸空间,用户可以根据需要对同一个图形输出不同布局的图纸。
AutoCAD 将与布局有关的命令放置在"插入(I)"下拉菜单的
"布局(L)"子菜单中。"布局"工具栏如图 10-1 所示。

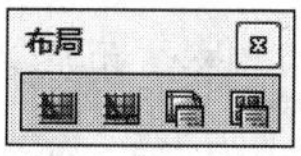

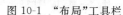

一、布局创建与管理

图 10-1　"布局"工具栏

使用 LAYOUT 命令可以创建新的布局、重命名布局、复制、保存和删除布局。

1. 启动方法

- 工具栏:"布局"工具栏→相应的选项按钮 。
- 菜单:插入→布局→相应的选项。
- 命令行:LAYOUT。

2. 操作方法

执行命令后,软件提示用户:

输入布局选项[复制(C)/删除(D)/新建(N)/样板(T)/重命名(R)/另存为(SA)/设置(S)/?]

(1)创建新的布局。在提示中输入"N",软件提示用户:

输入新布局名<布局 n>:

在提示中输入新建布局的名称,软件将以该名称创建一个新的空白布局。

(2)使用样板文件创建布局。在提示中输入"T",软件将显示"选择文件"对话框。选
择一个样板文件或图形文件,单击"打开"按钮,软件
将显示"插入布局"对话框,如图 10-2 所示。

该对话框中列出所选择文件中的所有布局。选
择要插入的一个或多个布局,单击"确定"按钮,软件
将所选择的布局及其上所有几何对象(不包括模型空
间中的对象)插入到当前的图形中。

(3)从当前图形中已有布局创建新的布局。在提
示中输入"C",软件提示:

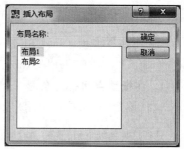

图 10-2　"插入布局"对话框

输入要复制的布局名<当前值>:

输入要复制的布局名<默认值>:

依次输入要复制的布局名称和新建布局的名称,软件将使用指定的布局设置创建新

的布局。

(4) 切换布局。在提示中输入"S",软件提示用户:

输入要置为当前的布局(当前值):

在提示中输入布局名,软件将切换到该布局。如果输入"模型",软件将切换到模型空间。

(5) 保存布局。在提示中输入"SA",软件提示用户:

输入要保存到样板的布局<当前值>:

输入一个要保存到文件的布局名称,软件将显示"创建图形文件"对话框。指定文件名后,软件将所选择的布局保存到指定文件中。

(6) 重命名布局。在提示中输入"R",软件提示用户:

输入要重命名的布局<当前值>:
输入新布局名:

依次输入要重命名的布局名称和新名称,软件将完成重命名操作。

(7) 删除布局。在提示中输入"D",软件提示用户:

输入要删除的布局名<当前值>:

输入要删除布局的名称,软件将其从当前图形中删除。注意,不能删除"模型"选项卡。

(8) 列出当前图形中的所有布局信息。在提示中输入"?",软件将列出当前图形中的所有布局信息。

另外,可以使用 LAYOUTWIZARD 命令启动布局向导以创建新的布局。

二、规划图纸布局

AutoCAD 提供了 MVSETUP 命令设置模型空间与图纸空间中图形的布局。在命令行中输入"MVSETUP",AutoCAD 将根据用户所处的工作空间给出不同的提示。

1. 在模型空间布局图形

执行该命令,系统提示用户:

是否启用图纸空间? [否(N)/是(Y)]<当前值>:

可根据需要进入相应空间开始设置过程。如果工作在图纸空间,则不出现上面的提示。在模型空间,MVSETUP 可以设置单位类型、图形比例因子和图形尺寸。根据用户的设置,软件计算出图形界限并绘制出一矩形边框。在提示中输入"N"或在快捷菜单中选择"否(N)"选项,软件提示用户:

输入单位类型 [科学 (S) /小数 (D) /工程 (E) /建筑 (A) /公制 (M)] :

输入比例因子 :

输入图纸宽度 :

输入图纸高度 :

依次输入比例因子和图纸的宽度与高度。

2．在布局中布置图形

在布局中使用 MVSETUP 命令,可以将一个或多个预定义的标题块插入图形中,并在其中生成浮动视口,指定一个全局比例因子作为图纸空间中标题块与模型空间图形的比率。在提示中按 Enter 键,软件提示用户:

输入选项 [对齐 (A) /创建 (C) /缩放视口 (S) /选项 (O) /标题栏 (T) /放弃 (U)] :

（1）对齐浮动视口中的视图

在提示中输入"A",软件提示用户:

输入选项 [角度 (A) /水平 (H) /垂直对齐 (V) /旋转视图 (R) /放弃 (U)] :

移动某一浮动视口中的视图,使其与另一浮动视口中的基点对齐。

① 按指定的方向平移某一视口中的视图。在提示中输入"A",软件提示用户:

指定基点 : (在基准浮动视口中指定对齐的基准点)

指定视口中平移的目标点 : (在另一个视口中指定与基点对齐的目标点)

指定相对基点的距离 : (输入对齐点距基准点的距离)

指定相对基点的角度 : (输入对齐点和基准点连线与 X 轴正向的夹角)

软件将目标视口中的视图移动到距基准点指定距离和角度的位置。

② 水平/垂直方向平移某一视口中的视图。在提示中输入"H"或"V",软件将提示用户:

指定基点 : (在基准浮动视口中指定对齐的基准点)

指定视口中平移的目标点 : (在另一个视口中指定要与基点对齐的目标点)

软件平移某一浮动视口中的视图,使之与另一浮动视口中的基准点水平/垂直对齐。该选项只适用于水平/垂直排列的两个浮动视口,否则视图可能被移到浮动视口界限外。

③ 旋转视图。在提示中输入"R",软件提示用户:

指定视口中要旋转视图的基点 : (在浮动视口中指定旋转的基准点)

指定相对基点的角度 : (指定视图的旋转角度)

软件将指定视口中的视图绕基准点旋转指定的角度。

（2）创建浮动视口。在提示中输入"C",软件提示用户:

输入选项 [删除对象 (D) /创建视口 (C) /放弃 (U)]<创建视口> :

① 创建视口。在提示中输入"C",软件提示用户：

可用布局选项：……

0: 无

1: 单个

2: 标准工程图

3: 视口阵列

输入要加载的布局号或[重显示(R)]:

使用"重显示(R)"选项,软件将重新显示上面的提示。输入"0",表示不创建浮动视口。输入"1",表示创建一个浮动视口,软件会提示用户指定浮动视口的尺寸。输入"2",表示将指定的区域分成 4 个象限以创建 4 个浮动视口,AutoCAD 提示输入指定区域的大小和浮动视口间的距离。其中,左上视口显示模型空间中图形的俯视图,左下视口显示主视图,右下视口显示右视图,右上视口显示等轴测图。注意该设置不符合国标。输入"3",表示在指定区域内创建一个浮动视口阵列。软件提示输入指定区域的大小、浮动视口阵列的行和列及视口间的距离。

② 删除视口。在提示中输入"D",软件将提示选择要删除的浮动视口。选择后,软件将指定的浮动视口删除。

（3）缩放视口。在提示中输入"S",软件提示用户：

选择要缩放的视口……
选择对象:
设置图纸空间单位与模型空间单位的比例……
输入图纸空间单位的数目<当前值>:
输入模型空间单位的数目<当前值>:

调整显示在某一浮动视口中的对象相对于模型空间中图形的缩放比例因子。该选项允许对多个视口分别或统一设置比例因子。

（4）设置系统配置。在上面的提示中输入"O",软件提示用户：

输入选项[图层(L)/图形界限(LI)/单位(U)外部参照(X)]<退出>:

① 设置标题栏要插入的图层。在提示中输入"L",软件提示用户：

输入标题栏的图层名或[.(对当前图层)]:

可以指定标题块要插入的层,也可以指定一个新层。

② 设置图形界限。在提示中输入"LI",软件提示用户：

是否设置图形界限? [是(Y)/否(N)]<否>:

可以决定在插入标题块后是否恢复图形界限。

③ 设置标题栏插入后的单位。在提示中输入"U",软件提示用户:

输入图纸空间单位的类型 [英尺(F)/英寸(I)/米(ME)/毫米(M)]<英寸>:

指定是否将图形大小和点的位置转换成英寸或毫米等图纸单位。

④ 设置标题栏插入的形式。在提示中输入"X",软件提示用户确定标题块是作为块还是作为外部引用插入当前图中。

(5) 插入标题栏。在提示中输入"T",软件提示用户:

输入标题栏选项 [删除对象(D)/原点(O)/放弃(U)/插入(I)]<插入>:

① 插入标题栏。在提示中输入"I",软件提示用户:

可用标题栏:
```
0:    无
1:    ISO A4 尺寸(毫米)
2:    ISO A3 尺寸(毫米)
3:    ISO A2 尺寸(毫米)
4:    ISO A1 尺寸(毫米)
5:    ISO A0 尺寸(毫米)
6:    ANSI-V 尺寸(英寸)
7:    ANSI-A 尺寸(英寸)
8:    ANSI-B 尺寸(英寸)
9:    ANSI-C 尺寸(英寸)
10:   ANSI-D 尺寸(英寸)
11:   ANSI-E 尺寸(英寸)
12:   建筑/工程(24×3 6英寸)
13:   常用 D 尺寸图纸(24×36英寸)
```
输入要加载的标题栏号或 [添加(A)/删除(D)/重显示(R)]:

在提示中输入要插入布局的标题栏序号。使用"添加(A)"选项可以自行创建符合国标的标题块。使用"删除(D)"选项可以删除不必要的标题栏。

② 删除视口。在提示中输入"D",软件提示选择要删除的浮动视口。选择后,软件将所选择的浮动视口删除。

③ 定义图纸的原点。在提示中输入"O",软件提示用户:

指定此表的新原点:

用户可以指定图纸的新原点。

第三节　打印样式管理

AutoCAD 提供了一个全新的对象属性,即打印样式。使用打印样式用户可以控制打印的效果。所谓打印样式是一系列参数设置的集合,这些参数包括颜色、灰度、笔的分配、淡显、线宽、线条连接样式和填充样式等。将打印样式组织起来就形成了打印样式表。

　　AutoCAD 提供了打印样式管理器,用于管理用户创建的各种打印样式表。启动打印样式管理器的方法如下:

- 菜单:文件→打印样式管理器。
- 命令行:STYLESMANAGER。

一、打印样式类型

　　AutoCAD 提供了两种类型的打印样式,即颜色相关打印样式和命名打印样式。

1. 颜色相关打印样式

　　颜色相关打印样式是基于对象的颜色,每一种颜色对应一种对应设置,如使用哪支笔进行绘图,绘图时的线型和线宽等。也就是说,共有 255 种颜色相关的打印样式与 255 种颜色对应。在颜色相关打印样式表中,用户可以通过调整与某一颜色相对应的颜色相关打印样式,但不能随意添加、删除或重命名颜色相关的打印样式。用户也可以通过改变对象的颜色来改变该对象的打印样式。

　　软件将颜色相关打印样式保存在扩展名为 .ctb 的文件中。

　　然而,使用颜色相关打印样式表在给用户带来方便的同时,也给用户带来了一些不便,如绘图时使用颜色受到了限制。默认情况下,软件使用颜色相关打印样式表。

2. 命名打印样式

　　与颜色相关打印样式不同,命名打印样式的使用与对象的颜色无关。也就是说,用户可以将任何打印样式赋给一个对象,而不必去管对象的颜色。软件将命名打印样式保存在扩展名为 .stb 的文件中。

二、编辑打印样式表

　　用户在添加完打印样式表后,可以随时编辑打印样式表中的打印样式。为此,在“文件”菜单下“打印样式管理器”中双击要编辑的打印样式,软件将显示“打印样式表编辑器”对话框,如图 10-3 所示。

1. 打印样式表的基本信息

　　在“打印样式表编辑器”对话框的“基本”选项卡中,软件列出了所选择打印样式表的基本信息,如打印样式表文件名、所包含的打印样式数、保存路径、版本号等。用户可以修改“说明(D)”编辑框中的说明信息,其他信息不能修改。

　　如果用户选中了“向非 ISO 线型应用全局比例因子(A)”复选框,软件将使用用户在“比例因子(S)”文本框中指定的值缩放所有使用该打印样式的对象的线型和填充图案。

2. 使用“表视图”编辑打印样式

　　在“打印样式表编辑器”对话框的“表视图”选项卡中(图 10-4),用户可以编辑修改某

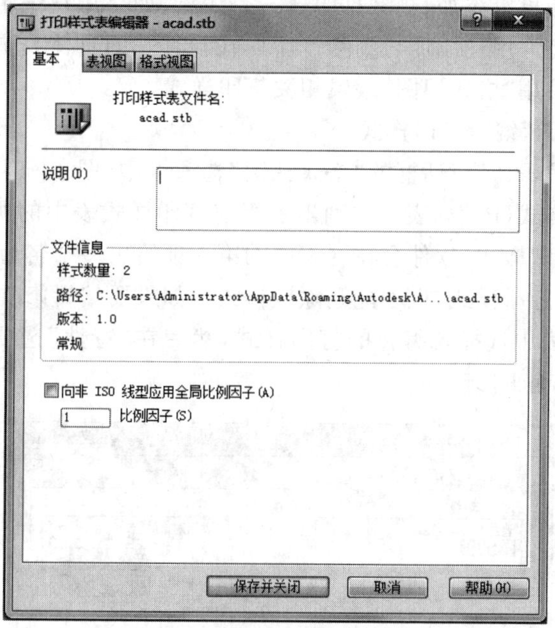

图 10-3　“打印样式表编辑器”对话框

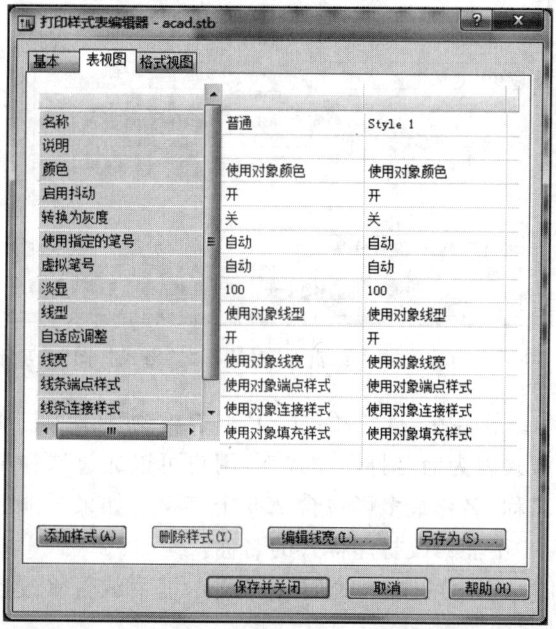

图 10-4　“打印样式表编辑器”对话框之“表视图”选项卡

一打印样式中的设置，可以添加、删除打印样式。注意，如果用户编辑的是颜色相关打印样式表，那么软件不允许用户添加与删除打印样式。有关的具体编辑方法与"格式视图"基本相同，建议用户使用"格式视图"编辑相关打印样式。

3. 使用"格式视图"编辑打印样式

在"打印样式表编辑器"对话框的"格式视图"选项卡中（图 10-5），用户可以编辑打印样式。软件在"打印样式（P）"列表框中列出了当前打印样式表中的所有打印样式。如果用户编辑的是命名打印样式，软件会在列表中的第一项给出一个名为"普通"的打印样式。用户不能编辑修改该打印样式，也不能删除该样式。如果要编辑修改某一打印样式，首先在"打印样式（P）"列表中选择要编辑的打印样式，然后在"特性"选项区域中对所选择打印样式的各特性进行编辑修改。

图 10-5　"打印样式表编辑器"对话框之"格式视图"选项卡

（1）打印样式名称。软件在"打印样式（P）"列表框中列出了打印样式表中的打印样式名称。如果当前的样式表为命名打印样式表，用户可以通过选择某一打印样式然后单击该样式编辑修改其名称，名称最多可包含 255 个字符。如果当前的打印样式表为颜色相关打印样式表，则用户不能修改打印样式的名称。

（2）打印样式说明。用户可以在"说明（R）"文本框中编辑修改当前打印样式的描述说明。

（3）颜色。用户可以在"颜色（C）"下拉列表框中为当前的打印样式指定颜色，默认颜色为"使用对象颜色"。如果用户指定了一个颜色,软件在打印输出时将使用该颜色替代对象的颜色。如果用户选择"其他"选项,软件将显示"选择颜色"对话框供用户选择需要的颜色。

(4)抖动。如果用户打开抖动选项,软件打印输出时使用小点近似输出颜色。

(5)灰度。如果打印机支持灰度打印且用户打开了灰度选项,软件将对象的颜色转换为灰度进行输出。

(6)笔号。指定输出该样式的对象时所用的笔号。笔号值为 1～32,如果用户指定 0,软件将其显示成"自动"。此时,软件会自动选择最接近对象颜色的笔号进行输出。

(7)虚拟笔号。用户可以指定一个 1～255 的虚拟笔号。许多非笔式绘图仪均可以使用虚拟笔号的方法模拟笔式绘图仪。当用户使用这种绘图仪且为该绘图仪配置了虚拟笔号时,软件使用该设置。

(8)淡显。该选项用于控制软件绘图时的墨水浓度,其范围为 0～100。如果该选项设置为 0,打印出的颜色将退化为白色。如果设置为 100,打印出的颜色将为原色。

(9)线型。默认选项为"使用对象线型"。如果用户选择了其他线型,软件打印时将使用该线型而忽略对象的线型。

(10)自适应。设置该选项后,软件绘制线型时将自动调整线型比例,以便绘制出完整的线型,否则线型有可能在线型的中间元素处结束。如果一致的线型比例非常重要,则应关闭该选项。如果要绘制完整的线型,则应打开该选项。

(11)线宽。默认选项为"使用对象线宽"。如果用户选择了其他线宽,软件打印时将使用该线宽而忽略对象的线宽。

(12)端点。默认选项为"使用对象端点样式"。如果用户选择了其他端点样式,如柄形、矩形、圆形或菱形等,软件打印时将使用该端点样式而忽略对象的端点样式。

(13)连接。默认选项为"使用对象连接样式"。如果用户选择了其他连接样式,如斜接、斜角、圆形或菱形等,软件打印时将使用该连接样式而忽略对象的连接样式。

(14)填充。默认选项为"使用对象填充样式"。如果用户选择了其他连接样式,软件打印时将使用该填充样式而忽略对象的填充样式。

(15)添加新的打印样式。单击"添加样式(A)"按钮,软件将添加一个新的命名打印样式。这个新打印样式的所有设置基于"普通"打印样式。添加新打印样式后,用户可以对其特性进行编辑修改。注意,用户不能添加元素相关打印样式。

(16)删除打印样式。删除一个指定的打印样式。用户删除一个打印样式后,所有使用该打印样式的对象仍然保留该打印样式的名称,但是使用"普通"打印样式中的各项设置。注意,用户不能删除元素相关的打印样式。

(17)编辑线宽。单击"编辑线宽(L)…"按钮,显示"编辑线宽"对话框,可根据需要编辑修改线宽值,但不能添加与删除线宽值。

三、打印样式的应用

如果当前的图形正在使用颜色相关打印样式,软件将打印样式映射到对象的颜色特性。此时,对于附着到图形中的打印样式表,用户可以通过修改对象的颜色来修改对象的打印样式,或者使用打印样式编辑器来修改其中的颜色相关打印样式的图形。如果当前的图形正在使用命名打印样式,用户可以修改对象和图层的打印样式。

1. 设置当前打印样式

用户可以使用 PLOTSTYLE 命令设置当前的打印样式表,此后,软件将当前打印样式赋予用户新绘制的对象。

(1) 启动 PLOTSTYLE 命令的方法。

- 菜单: 格式→打印样式。
- 命令行: PLOTSTYLE。

(2) 操作方法

执行 PLOTSTYLE 命令后,软件显示"当前打印样式"对话框,如图 10-6 所示。在"当前打印样式"对话框的"活动打印样式表"下拉列表框中选择要使用的打印样式表,AutoCAD 2008 将所选择打印样式表中的所有打印样式列在打印样式列表框中。在打印样式列表中选择要设置成当前样式的打印样式,然后单击"确定"按钮即可。如果用户要编辑所选择的打印样式表,可单击"编辑器(E)…"按钮启动打印样式编辑器。

图 10-6 "当前打印样式"对话框

2. 改变对象的打印样式

用户可以使用"特性"选项板修改对象的打印样式。首先打开"特性"选项板,然后选择要编辑的对象。在"特性"选项板的"打印样式"下拉列表框中,软件列出了当前正在使用的打印样式，用户可根据需要选择打印样式。

3. 改变图层的打印样式

在 AutoCAD 中，每一个图层都具有打印样式的属性。如果图形中对象的打印样式属性使用"随层"，软件打印时将使用该对象所在图层的打印样式。要修改图层的打印样式，首先使用 LAYER 命令启动"图层特性管理器"。单击某一图层的"打印样式"列的图标，软件将显示"选择打印样式"对话框，为图层设置打印样式。

第四节　页 面 设 置

通常，在打印之前用户要进行页面设置，如选择打印机、纸张大小、打印方向等。如果用户在"选项"对话框"显示"选项卡的"布局元素"选项区域中选中了"新建布局时显示页面设置管理器(G)"复选框，当用户第一次切换到某一布局时，软件将显示"页面设置管理器"对话框供用户设置。软件允许用户为每个布局指定不同的页面设置，这样用户就可将同一个图形输出不同的图纸以满足不同的需要。使用 PAGESETUP 命令，用户可以进行页面设置。

启动 PAGESETUP 命令的方法如下：

- 工具栏："布局"工具栏→页面设置管理器按钮 。
- 菜单：文件→页面设置管理器。
- 命令行：PAGESETUP。

软件显示"页面设置管理器"对话框，如图 10-7 所示。

图 10-7　"页面设置管理器"对话框

软件在"当前布局"处显示当前进行页面设置的布局名称,并在"页面设置(P)"列表框中显示所有已命名并被保存过的页面设置。用户可以在其中选择一个已命名的页面设置,然后进行修改完成页面设置,也可以添加新命名的页面设置。如果选择了位于对话框左下角的"创建新布局时显示"复选框,创建一个新布局时,软件会显示"页面设置管理器"对话框。

如果选择"新建(N)…"按钮,则系统会弹出如图 10-8 所示的对话框。在"新页面设置名(N)"文本框中输入页面设置名称,然后在"基础样式(S)"列表框中选择一个基本样式,单击"确定(O)"按钮,系统将弹出如图 10-9 所示的对话框。在其中进行设备设置即可。

图 10-8　"新页面设置名"对话框

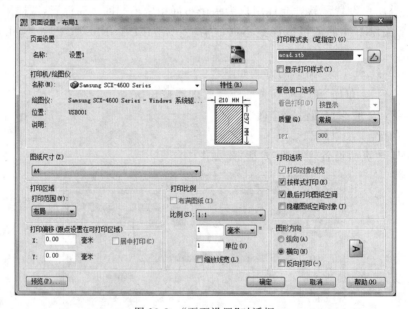

图 10-9　"页面设置"对话框

一、设置打印设备

1. 配置打印机/绘图仪

在图 10-9 所示"页面设置"对话框的"打印机/绘图仪"选项区域中,可以为当前布局设置打印机的有关配置。在"名称(M)"下拉列表框中列出了当前系统和软件中已经安装的打印机,用户可以根据需要选择打印机。如果要编辑修改打印机配置,单击"特性(R)"

按钮打开打印机配置编辑器修改。

2. 设置打印样式

在"打印样式表（笔指定）（G）"选项区域中，用户可以指定当前布局要使用的打印样式。在"名称（M）"下拉列表框中，软件列出了当前所有可用的打印样式表。用户可根据需要进行选择。如果用户要对打印样式表进行编辑，可单击编辑按钮打开打印样式编辑器进行编辑。单击新建按钮，可启动添加命名打印样式表添加新的打印样式表。

3. 设置 AutoCAD 的打印选项

如果要设置 AutoCAD 的打印选项，可以打开"工具"菜单下的"选项"对话框的"打印和发布"选项卡，如图 10-10 所示。

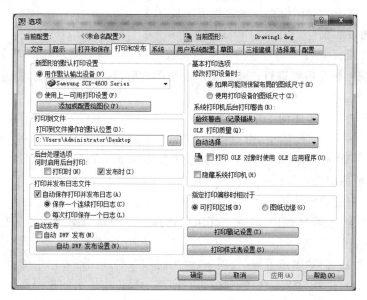

如图 10-10 "选项"对话框之"打印和发布"选项卡

（1）设置新图形的默认打印设备。在"新图形的默认打印设备"选项区域中，可用设置创建新图形时使用的默认打印设备。如果用户选择"用作默认输出设备（V）"选项，软件将使用下拉列表框中所选择的当前输出设备作为新建图形的默认设备。如果用户选择了"使用上一可用打印设置（F）"单选项，软件将使用最近一次成功的打印设置作为新图形的默认设置。单击"添加或配置绘图仪（P）…"按钮，软件将启动打印机管理器。用户可以添加新的打印机或编辑已有打印机的配置。

（2）设置基本打印选项。在"基本打印选项"选项区域中，用户可用控制与基本打印环境有关的选项，如图纸的尺寸、打印机警告和 OLE 对象的打印等。

如果用户选择了"如果可能则保留布局的图纸尺寸（K）"单选项，那么只要输出设备允许,软件将使用在"页面设置"对话框中设置的图纸大小。如果用户选择了"使用打印设备的图纸尺寸(Z)"单选项,软件将使用打印机配置文件(PC3)中设置的纸张大小。

在"系统打印机后台打印警告(R)"下拉列表框中,用户可以设置后台打印发生冲突时是否警告用户。

在"OLE 打印质量(Q)"下拉列表框中,用户可以设置 OLE 对象的打印质量。如果用户选择了"打印 OLE 对象时使用 OLE 应用程序"选项,软件在打印 OLE 对象时将启动创建 OLE 对象的程序。

二、设置布局

在图 10-9 所示的对话框中还可以设置布局。

1. 设置图纸和单位

软件在"图纸尺寸(Z)"组合框的下拉列表框中列出了当前使用的打印设备所支持的图纸类型,用户可根据需要进行选择。用户选择图纸后,软件在"打印区域"中显示图纸的可打印有效区域。

2. 设置图形的打印方向

在"图形方向"选项区域中,用户可以指定图形在图纸上的打印方向。软件支持 0°、90°、180°、270°等四种打印方向。用户可以通过选择"纵向(A)"、"横向(N)"和"反向打印(-)"等三个选项的组合获得需要的打印方向。

3. 确定图形的打印区域

在"打印区域"选项区域中,软件允许用户选择是打印整个图形还是只打印图形的一部分:

(1) 如果用户选择"图形界限"选项,软件将打印布局或图形界限中的全部图形。

(2) 如果用户选择"显示"选项,软件将打印当前视口中显示的视图。

(3) 如果用户要打印指定窗口中的图形,可单击"窗口"选项。软件临时关闭对话框让用户在图形中指定要打印的区域,然后再返回对话框。

4. 设置打印比例

在"打印比例"选项区域中,用户可用指定打印的比例。当打印某一布局时,默认的打印比例为 1:1。而当打印模型空间中的图形时,默认的打印比例为布满图纸,即按图纸空间缩放。用户可以在"比例(S)"下拉列表框中选择需要的打印比例,或者在"自定义"中指定非标准比例。用户也可以确定所用图纸单位的显示比例。

5. 设置打印图形的平移量

在"打印偏移原点设置在可打印区域"选项区域中,用户可以指定打印区域相对于图纸左下角的平移量。在一个布局中指定打印区域左下角被放置在图纸可打印区域的左下角处,用户可以在"X"和"Y"文本框中指定一个正或负的偏移量。如果用户选择了"居中打印(C)"选项,软件自动将要打印的图形区域放置在图纸的正中并计算左下角的偏移量。

6. 设置打印选项

在"打印选项"选项区域中,用户可以对打印做进一步的控制。如果用户选中了"打印对象线宽"复选框,软件将打印对象的线宽,否则,软件将不打印对象的线宽。

如果用户选中了"按样式打印(E)"复选框,软件将使用指定打印样式表中定义的打印样式进行打印。如果用户选中了"最后打印图纸空间"复选框,软件将先打印模型空间中的图形。通常,软件先打印图纸空间中的图形。如果用户选中了"隐藏图纸空间对象(J)"复选框,软件打印图形时将对图形进行消隐。

7. 着色打印增强

着色打印是从 AutoCAD 2004 开始对打印功能的一个增强。以前,AutoCAD 只能将三维图像打印为线框。使用着色打印,可以打印着色三维图像或渲染三维图像,还可以使用不同的着色选项和渲染选项设置多个视口。"着色视口选项"域指定着色和渲染视口的打印方式,并确定其分辨率大小和 DPI 值。其中:

(1) 着色打印。指定视图的打印方式,各选项含义如下:

① 按显示。按对象在屏幕上的显示打印。

② 线框。在线框中打印对象,不考虑其在屏幕上的显示方式。

③ 消隐。打印对象时消除隐藏线,不考虑其在屏幕上的显示方式。

④ 视觉样式。包括三维线框、三维隐藏、真实和概念四种。

⑤ 渲染。按渲染的方式打印对象,不考虑其在屏幕上的显示方式。

⑥ 决定打印质量。可以按照草稿、中、低、高和演示等方式进行打印。

(2) 质量。指定着色和渲染视口的打印分辨率。可从下列选项中选择:

① 草稿。将渲染和着色模型空间视图设置为线框打印。

② 预览。将渲染和着色模型空间视图的打印分辨率设置为当前设备分辨率的 1/4,DPI 最大值为 150。

③ 常规。将渲染和着色模型空间视图的打印分辨率设置为当前设备分辨率的 1/2,DPI 最大值为 300。

④ 演示。将渲染和着色模型空间视图的打印分辨率设置为当前设备的分辨率,DPI 最大值为 600。

⑤ 最大。将渲染和着色模型空间视图的打印分辨率设置为当前设备分辨率,无最大值。

⑥ 自定义。将渲染和着色模型空间视图的打印分辨率设置为 DPI 框中用户指定的分辨率设置,最大可为当前设备的分辨率。

(3) DPI。指定渲染和着色视图每英寸的点数,最大可为当前打印设备分辨率最大值。

第五节　打印输出

一、打印预览

使用 PREVIEW 命令可以对要打印的图形进行预览,这样用户可以在屏幕上事先观察到打印后的效果。

启动 PREVIEW 命令的方法如下:

- 工具栏:"标准"工具栏→打印预览按钮 ⬚。
- 菜单:文件→打印预览。
- 命令行:PREVIEW。

执行 PREVIEW 命令后,软件将根据当前打印设置生成所在工作空间的打印预览图形。

此时,鼠标光标变为实时缩放状态的光标,用户可以对预览图形进行实时缩放以观察图形。使用快捷菜单,用户可以对预览图形进行缩放和平移。按 Esc 键或 Enter 键结束预览命令,返回到图形状态。

二、打印图形

使用 PLOT 命令,用户可以对设置好的图形进行打印。

启动 PLOT 命令的方法如下:

- 菜单:文件→打印。
- 命令行:PLOT。

执行 PLOT 命令后,软件将显示"打印"对话框,如图 10-11 所示。该对话框与"页面设置管理器"对话框基本相同,只是多了几组选项。对于相同的选项,用户可以参照"页面设置管理器"对话框进行设置。

1. 打印到文件

如果选中"打印到文件(F)"复选框,用户可以将打印结果输出到磁盘上的文件中或 Internet 网站上。打印文件的默认位置在"选项"对话框"打印和发布"选项卡的"打印到文件操作的默认位置(D)"选项区域中指定。

如果"打印到文件(F)"复选框已选中,单击"打印"对话框中的"确定"将显示"打印到文件"对话框(标准文件浏览对话框)。选择或编辑即可。

2. 预览打印图形

单击"预览(P)…"按钮,软件将生成要打印图形的真实效果预览。其功能与 PREVIEW 命令相同。设置完成后,单击"确定"按钮开始打印。

图 10-11 "打印"对话框

本 章 练 习

1. 运用布局管理,把前面的练习整合成如下图所示的图纸,并在页面设置后打印输出。

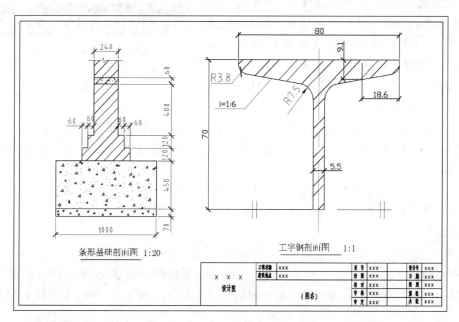

第十一章

AutoCAD 三维制图简介

虽然目前的建筑工程施工图主要以二维图纸为主,但随着制图软件的发展和建筑工程设计的需要,三维制图将得到更多的应用,本书将简单介绍 AutoCAD 中的三维制图命令,以便初学者熟悉三维制图环境。

第一节　用户坐标系

一、WCS 和 UCS

软件按照右手定则构造直角坐标系。在默认情况 AutoCAD 使用"世界坐标系"(WCS)。WCS 是固定的坐标系。二维绘图时所处平面一般就是 WCS 的 XY 平面。

三维建模中仅使用固定坐标系是远远不够的。为了建立绘图平面、设置视图、输入坐标,经常需要改动坐标原点的位置、坐标轴的方向等。因此必须使用可作各种设置的"用户坐标系"(UCS)。建立和控制用户坐标系的命令是"UCS",也可以通过菜单栏[工具→命名 UCS]等项,或使用"UCS"工具栏(图 11-1)调用 UCS。

图 11-1　"UCS"工具栏

1. 建立新 UCS

(1) 指定新 UCS 的原点:通过移动当前 UCS 的原点,保持其三轴方向不变。

(2) Z 轴(ZA):选此项将提示指定新原点、新建 Z 轴正半轴上的一点。此选项使 XY 平面倾斜。

(3) 三点(3):通过指定三点定义 UCS。第一点指定原点,第二、三点定义 X 轴和 Y 轴的正方向。第三点可以位于新建 UCS 的 XY 平面的正 Y 轴上的任何位置。Z 轴由右手定则确定。

(4) 对象(OB):根据所选对象定义新的坐标系。新 UCS 的 Z 轴正方向与选定对象的拉伸方向相同,其原点和 X 轴正方向按软件的规则确定。例如,所选的对象是圆,圆心成为新 UCS 的原点,X 轴通过圆上的选择点。如果所选的对象是直线,离选择点最近的端点成为新 UCS 原点 O，X 轴和 Y 轴的方向这样确定：该直线位于新 UCS 的 XZ 平面上，直线第二个端点的 Y 坐标为零。

（5）面（F）：选此项将提示选择实体对象的面，新 UCS 将与选定面重合，新 X 轴与面上的最近的边对齐。

（6）视图（V）：UCS 原点保持不变，垂直于观察方向的平面（平行于屏幕）是新 XY 平面。

（7）$X/Y/Z$：将当前 UCS 绕 $X/Y/Z$ 轴旋转指定的角度，以生成新 UCS。

2. 其他部分选项说明

（1）移动（M）：通过移动原点的位置或者原点在 Z 轴上的移动距离定义新 UCS。

（2）正交（G）：进一步提示在六个预定义的正交方向 UCS 中指定一个。

（3）保存（S）/恢复（R）：把当前 UCS 命名保存/将保存的 UCS 指定为当前。

（4）世界（W）：将世界坐标系指定为当前坐标系。

UCS 图标通常显示于绘图区左下角。UCSICON 命令可以控制 UCS 图标的显示和特性。

也可以通过菜单栏［视图→显示→UCS 图标→…］，控制图标是否显示，是否通过原点。

将视图切换到预定义的六个正交视图中的任何一个时，软件自动将 UCS 转动到平面视图方向，而切换到预定义的等轴测视图时，UCS 保持不变。

二、转换到平面视图（PLAN 命令）

从正 Z 轴上的一点指向原点的视图是"平面视图"。PLAN 命令使视图立即返回平面视图。平面视图中，UCS 图标不显示 Z 轴箭头。

- 菜单栏【视图→三维视图→平面视图（P）】。
- 命令行：PLAN。

第二节　空间点的坐标

可以用以下方法表示空间点在当前坐标系的位置。

1. 直角坐标

与二维绘图时的情况类同，空间点的直角坐标就是用逗点（comma）隔开的 X 值、Y 值和 Z 值，又分为绝对直角坐标和相对直角坐标。

绝对直角坐标是从原点开始测量的。相对直角坐标是基于"基点"（上一个输入点）的，冠以"@"符号表示。

2. 柱坐标

柱坐标是在二维极坐标的基础上,用逗点隔开,再添上空间点的 Z 坐标差表示的,又分为绝对柱坐标和相对柱坐标。

例如,"@20＜30,35"表示目标点的位置在与 XY 面平行的平面上,距基点距离是 20,方位角(与 X 轴的角度)是 30°,Z 坐标差是 35。

3. 球坐标

球坐标是用到目标点的空间距离以及目标点的方位角和仰角(与 XY 平面的角度)表示的,球坐标表示为"距离＜方位角＜仰角",也分为绝对球坐标和相对球坐标。

例如,"@35＜30＜45"表示与基点距离 35,方位角是 30°,仰角是 45°。

第三节　三维线框模型

一、创建线框模型

所谓线框模型,是用直线和曲线构成的三维对象。线框模型中没有面,只有描绘对象边界的点、直线和曲线。三维线框可以是创建其他模型的骨架,也可以是完成的模型,例如用线框绘制管线模型。

常用以下方法构造三维线框:

(1) 输入三维坐标,创建对象,如直线等。

(2) 设置绘制对象的构造平面,即设置新 UCS 的 XY 平面,然后创建对象。

(3) 创建对象后,将它移动或复制到适当的三维位置。

AutoCAD 提供了一些绘制线框的三维对象命令,如直线(LINE)、样条曲线(SPLINE)、三维多线段(3DPOLY)。

二、三维多段线(**3DPOLY**)

(1) 与二维多段线(PLINE)的区别。三维多段线(3DPOLY 命令)与二维多段线(PLINE)有些相似,但有多点不同处:

① 3DPOLY 只能画直线段,不能画圆弧段。

② 3DPOLY 不能设置线宽。

③ 3DPOLY 只能用连续线型(Continuous)绘制,不能显示为非连续线型。

(2) 命令输入:

• 菜单栏【绘图→三维多段线(3)】。

• 命令行:3DPOLY。

3DPOLY 的命令行的提示较简单,除了要求指定起点和端点,提供的选项仅有"放弃

（U）"和"闭合（C）"。

编辑多段线命令（PEDIT）对 3DPOLY 仍然有效,但可供的选择项也比对二维多段线编辑时要少。

【注意】

（1）PLINE 是二维多段线,只能创建在当前 XY 平面或与之平行的平面内。

（2）PEDIT 命令只能对当前 XY 平面或与之平行的平面内的二维多段线进行编辑。

第四节　三 维 操 作

在二维绘图时常用的阵列（ARRAY）、镜像（MIRROR）、旋转（ROTATE）等操作,在三维空间依然可用,也经常应用。由于它们是二维操作命令,其操作只限于在当前 XY 平面或与之平行的平面内。如果要在三维空间作阵列、镜像、旋转对象,必须使用相应的三维操作命令。修剪（TRIM）和延伸（EXTANDE）则具有专门用于三维空间的选项。

一、在三维空间中阵列

三维列阵的命令输入:

- 菜单栏【修改→三维操作→三维阵列（3）】。
- 命令行:3DARRAY。

环形阵列,就是绕旋转轴复制对象。除了指定复制的数量、环绕角度、阵列对象是否旋转外,还要指定阵列的中心点以及旋转轴上的第二点。

二、三维空间中的镜像

三维镜像的命令输入:

- 菜单栏【修改→三维操作→三维镜像（D）】。
- 命令行:MIRROR3D。

与二维镜像只需要指定镜像线不同,三维镜像需要指定一个镜像平面来创建镜像对象。镜像平面可以是以下平面:

（1）二维对象所在的平面(指定"对象（O）"选项)。

（2）通过指定点且与当前 UCS 的 XY、YZ 或 XZ 半面平行的平面。

（3）根据某平面上的一个点和过该点的平面法线上的一个点定义镜像平面(指定"Z 轴（Z）"选项)。

（4）视图平面(指定"视图（V）"选项)。

（5）由三个指定点定义的平面(默认的"三点"选项)。

三、三维空间中旋转对象

三维旋转的命令输入：
- 菜单栏【修改→三维操作→三维旋转(R)】。
- 命令行：3DROTATE。

与二维旋转只需要指定旋转基点不同,三维旋转需要指定旋转轴。

四、在三维空间对齐对象

"对齐"命令 ALIGN(别名 AL),可以通过菜单栏→修改→三维操作对齐(A)调用。在三维空间将对象与其他对象对齐需要用三对源点和目标点。

五、在三维空间进行修剪和延伸

TRIM 和 EXTEND 是二维绘图中最常用的编辑命令,它们也可以在三维空间使用。

第五节　三维曲面概述

软件可以创建三类不同性质的三维对象：线框模型、曲面模型、实体模型,每一类模型都有各自的创建和编辑方法。

曲面建模(Surfaces)不仅定义三维对象的边,而且定义面。软件是使用多边形网格定义曲面的,因此曲面也称为网格。由于组成曲面的每个网格单元都是平面的,因此网格只能近似于曲面,但网格的密度可以控制。

第六节　三维实体模型

一、实体模型概述

实体(Solid)是实心的对象,因此三维实体模型不仅具有面、边,还有体。在线框、曲面和实体这三类三维模型中,实体模型所具有的信息最完整。利用实体模型可以分析质量性质(体积、重心、惯性矩等)。

创建形状结构复杂的三维模型,用实体建模比曲面建模容易。

在布局中,三维实体模型可以自动生成二维视图或剖视图,而无须再另外绘制。

一般,通过"实体"工具栏和"实体编辑"工具栏调用创建和编辑实体的命令,如图 11-2 所示。或者使用菜单栏[绘图→建模]和[修改→实体编辑]下的子菜单。

图 11-2 建模和实体编辑菜单

二、实体模型显示控制

实体对象默认显示为线框形式,直至被消隐、着色或渲染。实体对象上的曲面在消隐模式下一般显示为网格。有几个系统变量控制实体的显示。

1. ISOLINES 系统变量

表面为曲面的实体(如实体球、圆柱等),在线框显示模式下,曲面上的线框数是由系统变量 ISOLINES 控制的。取较小的 ISOLINES 值有利于快速显示,其默认值是 4。

虽然提高 ISOLINES 的值可以改善观察效果,但是 ISOLINES 仅对线框显示起作用。

2. FACETRES 系统变量

实体模型曲面的平滑度,是由系统变量 FACETRES 决定 FACETRES 值的设置范围为 0.01~10.0,默认值是 0.5。

3. DISPSILH 系统变量

DISPSILH 系统变量可取的值是 0 或 1,它有两个作用:

(1)控制实体对象的曲面轮廓在线框模式中的显示,DISPSILH 值为 0 时(默认值),不显示视线方向上的曲面轮廓。

(2)控制在实体对象通过 HIDE 命令消隐时,是否绘制网格,值为 1 时实体曲面上不显示网格。

三、创建实体模型

创建实体的途径:

(1)用基本实体(长方体、圆锥体、圆柱体、球体等)创建简单几何体的模型。

(2)通过拉伸二维对象或者绕轴旋转二维对象创建实体。

(3)执行布尔运算将已有实体组合成更复杂的实体。

四、创建基本实体

1. 长方体(BOX 命令)

"实体"工具栏: 按钮。创建一个底面与当前 UCS 的 XY 平面平行的长方体。

(1) 角点：如果指定的第二个角点与第一个角点是一对三维对角点,长方体即被定义。如果两个角点在同一 XY 平面上,则定义了长方体的底(或顶),还需要指定长方体的高。

(2) 中心点(CE)：长方体的三维中心点。

(3) 长度(L)：依次输入长方体的长、宽、高,定义长方体。

(4) 立方体(C)：创建一个各边相等的长方体。

长、宽、高分别是沿当前 UCS 的 X、Y、Z 方向的尺寸。也可以指定负值,将长方体建在负坐标域中。

2. 球体(SPHERE 命令)

"实体"工具栏：●按钮。指定中心和半径(或直径),创建实体的球。

3. 圆柱体(CYLINDER 命令)

"实体"工具栏：▯按钮。创建一个端面为圆或椭圆的圆柱体。指定中心和半径(或直径)创建实体的体。输入高度值,将创建一个底面与当前 UCS 的 XY 平面平行的圆柱体。也可以通过指定圆柱另一端中心点位置,使圆柱体的底面不在 XY 平面上。

高度可以指定为负值,这样圆柱体将建在 Z 的负坐标域中。

4. 圆锥体(CONE 命令)

"实体"工具栏：◢按钮,圆锥体的方法与过程与圆柱体类似。

5. 楔体(WEDGE 命令)

"实体"工具栏：◣按钮。楔体命令的提示与长方体命令的相同,创建方法与过程也相同。

6. 圆环体(TORUS 命令)

"实体"工具栏：◉按钮。通过指定圆环体的中心和半径(或直径)、圆管半径(或直径)创建圆环体。

五、创建拉伸实体(EXTRUDE 命令)

EXTRUDE 命令(别名：EXT,"实体"工具栏：▤按钮),把闭合的轮廓(二维对象)拉伸成三维实体。可以沿对象的高度方向拉伸,或者沿一条指定的路经拉伸。

可以作为拉伸的轮廓：闭合的二维多段线(矩形、多边形、圆环都属于闭合二维多段线)、圆、椭圆、闭合的样条曲线、面域(REGION)。三维对象、包含在块中的对象、有自交的多段线、非闭合多段线不能被拉伸。

(1) 沿高度拉伸：输入高度(可以是负值),将沿垂直于二维对象所在平面的方向拉伸。

(2) 沿路经拉伸：可以作为路径的对象：直线、圆、圆弧、椭圆、椭圆弧、多段线、样条曲线。

【注意】

（1）轮廓与路径起始端的曲线，必须分处于不同平面。

路径具有方向性。软件通常取离轮廓对象较近的一端作为拉伸的起点。因此尽量将轮廓建在路经起点附近就不易拉伸失败。

（2）相对于轮廓对象的尺寸，曲线路径的曲率不能过大。否则拉伸面可能会产生干涉而导致拉伸失败。

通过拉伸和旋转二维对象的方法可以创建轮廓线复杂的实体。如果封闭轮廓不是整体的多段线，可用编辑多段线命令（PEDIT，别名 PE）的"合并"选项将它们转换成为整体闭合多段线，或者用"边界"命令（BOUNDARY，别名 BO），拾取封闭区域的内部点，以创建轮廓的闭合多段线或面域。

DELOBJ 系统变量决定是否保留用于创建拉伸实体的原始对象。DELOBJ 可取的值是 0 或 1，值为 1（默认值）时，拉伸后原始对象被删除，值为 0 时将保留原始对象。

为了将三维体实体与原始对象和二维对象易于区分，便于操作、管理，应该将三维实体建在专门设置的图层内。

六、创建旋转实体（REVOLVE 命令）

REVOLVE 命令（别名：REV，"实体"工具栏：🔳按钮），把闭合的轮廓（二维对象）绕轴旋转指定的角度创建三维实体。

可以作为旋转轮廓的对象与前一节拉伸轮廓对象的要求相同：闭合的二维多段线、圆、椭圆、闭合的样条曲线、面域等。

三维对象、包含在块中的对象、有自交的多段线、非闭合多段线不能被旋转。

七、用布尔运算创建组合实体

对已有实体进行布尔运算，即通过并集、差集或交集来组建更复杂的组合实体，是最灵活、最常用的建模方法。组合实体将创建在第一个被选择的原始实体所属的图层内。

（1）并集（UNION 命令）。UNION（别名：UNI）通过"实体编辑"工具栏：🔳按钮，或菜单栏：[修改→实体编辑→并集（U）]。

UNION 命令可以将两个或多个实体合并，构成一个组合实体。

（2）二差集（SUBTRACT 命令）。调用 SUBTRACT 命令（别名：SU），通过"实体编辑"工具栏：🔳按钮，或菜单栏：[修改→实体编辑→差集（S）]。

SUBTRACT 命令从一个实体（或多个实体）中减去另一个（或多个实体），构成一个组合实体。

（3）交集（INTERSECT 命令）。调用 LNTERSECT 命令（别名：IN），通过"实体编辑"工具栏：🔳按钮，或菜单栏：[修改→实体编辑→交集（I）]。

INTERSECT 命令用两个(或多个)重叠实体的公共部分创建组合实体。非重叠部分被删除。

第七节　修改实体模型

为了修改三维实体模型的形状,可以对已有模型做以下编辑:

(1) 对实体模型作圆角、倒角。

(2) 剖切实体模型。

(3) 编辑实体的面、边、体。

一、对三维实体进行圆角和倒角

FILLET 和 CHAMFER 命令,不仅用于二维对象,还可以为三维实体的选定边进行圆角或倒角。软件自动判别所选择对象是二维还是三维,给出不同的提示。

1. 圆角

调用 FILLET 命令("修改"工具栏:⌐按钮)后,可以逐一选择要圆角的边,按 Enter 键后进行圆角。如果指定"链(C)"选项,可以在连续相切的链边中仅选定其中任意一段,就实现连续的圆角。

2. 倒角

对三维实体对象进行倒角,必须指定基面,只能对基面上的边进行倒角。调用 CHAMFER 命令("修改"工具栏⌐按钮)后,如果选定的是三维实体的一条边,与所选定边相邻的两个面中,会有一个亮显(虚线),表示为基面。如果输入"N",则选择另一个面为基面。按 Enter 键确定基面,选择了基面上的倒角距离和另一个倒角距离。

二、编辑实体的面

SOLIDEDIT 是编辑实体的命令,它的各个选项提供对实体的面、边、体三种类型的编辑。通过实体编辑工具栏直接调用该命令的各个编辑项目较为方便。

(1) "压印"(Imprint),就是在选定实体对象的表面上,印上一个压印对象与之相交形成的曲线或直线。被压印的对象可以是圆、圆弧、直线、多段线、椭圆、样条曲线、面域、体和三维实体。被压印的对象必须在选定实体的面上,或者与选定实体的一个或多个面相交。

压印结果是在实体的面上留下了新的边。原来的面通常被新的边分成了几个较小的面。对压印形成的新面进行后续的编辑,是压印的主要目的。

(2) 清除。删除所有多余的边和顶点,如压印后形成的不使用的边。

(3) 抽壳。"抽壳"是将已有三维实体创建成中空薄壁的模型,它将现有面偏移其原位置来创建新的面来形成薄壁。要为所有面指定一个薄壁厚度。指定正值,将现有面向原位置的内部偏移进行抽壳,指定负值则向外部偏移抽壳。

(4) 分割。某些编辑修改(如布尔操作)可能会产生一个空间分离的三维实体。通过"分割"可以将不相连的一个三维实体对象分为几个独立的三维实体对象。分割后的独立实体将保留原来的图层和颜色。

本 章 练 习

1. 根据下列二维三视图,绘制三维图。

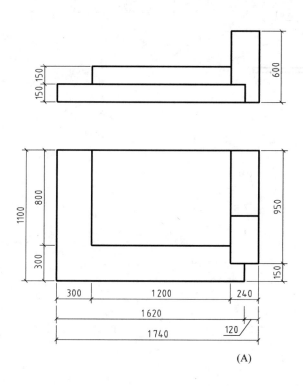

(A)

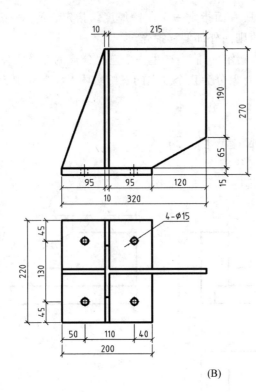
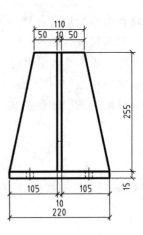

(B)

实战指导篇

　　房屋设计一般分为初步设计和施工图设计两个阶段,这两个阶段在图示原理和绘图方法上是一致的,但是在表达的内容和尺寸标注深度等一些具体环节上,二者又有着很大的区别。施工图还是施工人员建造、编制预算的主要依据,因此看懂并绘制房屋建筑图,是从事土建专业的技术人员的重要任务。

　　房屋施工图根据专业不同,又分为建筑施工图(建施)、结构施工图(结施)、给排水施工图(水施)、电气施工图(电施)、采暖通风施工图(暖施)。水施、电施、暖施统称为设备施工图(简称设施)。对于土建专业的学生来说,主要绘制建筑施工图和结构施工图。

　　本章将从 CAD 制图的角度讲解一些主要的建筑、结构施工图绘制的方法、顺序及注意事项等内容。

第十二章

房屋建筑图 AutoCAD 案例指导

建筑施工图是表达房屋的定位、内部布置、外部造型、细部构造，以及内外装饰等方面的施工要求的图样。建筑施工图一般包括图纸目录、建筑施工总说明、建筑总平面图、建筑平面图、建筑立面图、建筑剖面图、门窗表和建筑详图等图纸。

第一节　建筑总平面图的绘制

建筑总平面图是建筑物、构筑物和其他设施在一定范围的建设基础上的水平投影图。它表示基地的形状、大小、地形、地貌、新建建筑物的定位、朝向、占地范围、各栋建筑物之间的距离、室外环境和道路布置、绿化配置等情况。

一、建筑总平面图的基本内容

建筑总平面图一般包括以下内容。

1. 表明新建区的总体布局

比如，拔地范围，新建建筑、拆除建筑以及原有保留建筑的位置，道路、管网的布置等。

2. 确定建筑物的平面位置

运用"据已有建筑或道路定位法"或"坐标定位法"来确定新建建筑物的定位。

（1）据已有建筑或道路定位法。如图 12-1 所示，新建建筑的位置是根据原有房屋和道路来定位的。

（2）坐标定位法。为了保证在复杂地形中防线准确，总平面图中常用坐标表示建筑物、道路、管线的位置，坐标定位常用的表示方式有：

① 标注测量坐标。在地形图上绘制的方格网叫作测量坐标网，与地形图采用同一比例尺，以 100m×100m 或 50m×50m 为一方格，一般以竖轴为 x，横轴为 y。建筑物定位时应注明两个墙角的坐标，如图 12-2 所示，但所绘建筑物的方位为正南正北时，可只注明一个角的坐标。

② 标注建筑坐标。建筑坐标就是将建设地区的某一点定为"0"点，水平方向为 B 轴，垂直方向为 A 轴，按比例进行分格。用建筑物墙角距"0"点的距离，确定其位置，如图 12-3

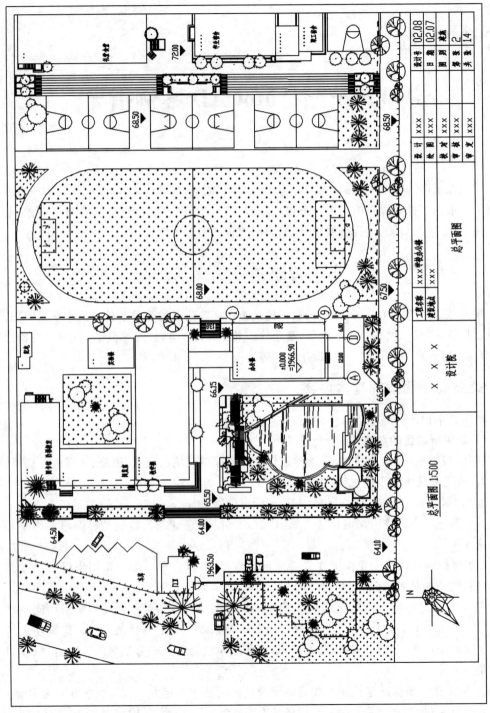

图 12-1 总平面布置图

所示,放线时即可从"0"点测出甲、乙两点的位置。

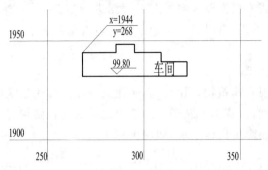

图 12-2　测量坐标标注方式

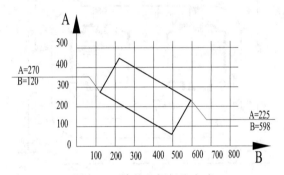

图 12-3　建筑坐标标注方式

3. 表明建筑物首层地面的绝对标高

图纸上需要标出室外地坪、道路建设需要达到的绝对标高,说明土方填挖情况、地面坡度及雨水排除方向。

4. 指北针和风向玫瑰图

图纸上需要用指北针来表示房屋的朝向,有时用风向玫瑰图表示常年风向频率和风速。

5. 各种管线图等

根据工程需要,总平面图上有时还需要标明水、暖、电等管线的室外排布情况,各种管线的竖向设计图,道路纵横剖面图及绿化布置等有关室外环境的排布情况。

二、建筑总平面图的绘制步骤

建筑总平面图上集中了室外环境的多种信息,一般按照由总体到局部,先绘图后标注的顺序进行绘制,具体可参照以下步骤。

1. 绘制道路与管线

创建新总平面图或者根据原有室外总平面图进行修改,一般首先从道路和室外环境绘制开始,根据工程的需要,有时还要绘制水、暖、电等管线的排布,以表示各种管线在室外的综合布置情况。

2. 绘制建筑物外轮廓

绘制新建建筑和现有建筑物外轮廓,新建建筑一般需要用粗实线表示,而原有建筑则用细实线表示以做区别,拟建但不属于本次工程建设的建筑则用虚线表示,需要拆除的现有建筑则需要在总平面图上用×表示,如图 12-4 所示。

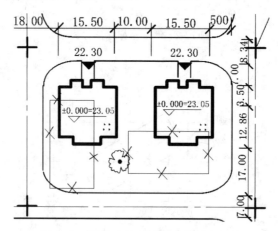

图 12-4 新建建筑与拆除建筑表示方式

3. 标注建筑物的平面位置

选用"据已有建筑或道路定位法"或"坐标定位法"确定新建建筑物的平面位置,图纸允许时也可以在总平面图上表明新建建筑的外形尺寸,如图 12-1 所示。

4. 标注建筑物首层地面的绝对标高

在标注新建建筑首层地面绝对标高的同时,还需要标注室外道路、地坪等环境的标高和雨水排除方向,以便于清晰地说明该地块土方填挖的情况,若坡度较大的地块,还必须标明等高线。总平面上的标高都要用绝对标高表示。

5. 绘制绿化等环境布置

有些必要的绿化信息,如树木、花坛、草地等,可以根据总平面图的需要和绘图比例的要求进行绘制和标识。

6. 指北针和风向玫瑰图

指北针和风向玫瑰图可以结合在一起标注在图形的右上方(一般默认情况)或其他空白处。

7. 其他必要的文字信息

总体绘图完成后,以下重要的文字也是必需的:

(1) 图名、比例:一般标注在总平面图的下方。

(2) 图例:一般标注在总平面图的右下侧。

(3) 必要的文字说明:对于建筑物的说明,一般标注在轮廓内或紧邻建筑的下方;对于绿化和管线的说明,一般用引出线标注在其旁边;道路的名称,一般标注在道路中心。

(4) 其他文字说明:若需要对总平面图进行其他的文字说明,一般放在总平面图的右侧或者下方。

三、绘制建筑总平面图的注意事项

建筑总平面图集中了建筑工程总体的信息,因此具有一定的综合性,在绘图的过程中需要注意以下事项:

(1) 选择适当的比例。虽然 AutoCAD 支持图形缩放,但建筑施工图打印尺寸必须与比例尺相符合,以便于施工时量取必要的尺寸,因此选择适当比例将使总平面图打印效果比较清晰。

(2) 注意图层的定义。总平面图汇总了各方面的信息,因此必须清晰地定义每个图层,并按图层定义进行绘图,以便于今后的修改。总平面图中主要的图层包括道路、新建建筑、已有建筑、拟拆除建筑、标高、尺寸、标注、指北针(风向玫瑰图)以及其他自定义的图层。

(3) 注意不同的线型线宽。对于总平面图上不同图层的线型和线宽定义必须根据《房屋建筑制图统一标准》的要求来定义,注意区分粗、细、实、虚线型的用途。

(4) 注意标高的表示方式。总平面图上必须采用绝对标高。

(5) 图例明确。对于《房屋建筑制图统一标准》已做出规范的部分制图,如新建建筑、拆除建筑、拟建建筑等可以不做图例,但是对于一些特殊的图形信息,如管线、草坪等应添加适当的图例加以注明。

第二节　建筑平面图的绘制

建筑平面图(除屋顶平面图以外)是房屋的水平剖面图。它是用假想水平面剖切门窗洞口处,再移去剖开后的上面部分,对留下部分做水平正投影所得到的全剖面图。

对于房屋建筑项目,一般需要绘制底层平面图、标准层平面图和屋顶平面图;对一些有特殊要求的建筑,如有设备层,或建筑平面有变化的商场等,则需要绘制更多的平面图。

一、建筑平面图的基本内容

（一）标准层平面图的主要内容

除屋顶平面图以外，其他楼层的平面图都是全剖面图，主要用于表示房屋的平面形状，水平方向的各房间布置和组合关系，以及本楼层的构配件（如水斗、雨水管、蹲厕等）平面形状和位置。因此一般建筑平面图（如标准层建筑平面图）必须包括的内容主要是以下几个部分。

1. 定位轴线

定位轴线是用以确定主要结构位置的线，如确定建筑的开间或柱距，进深或跨度的线，一般用点划线表示（如图 12-5 所示）。定位轴线的编号按规定从左到右用阿拉伯数字编号，从下

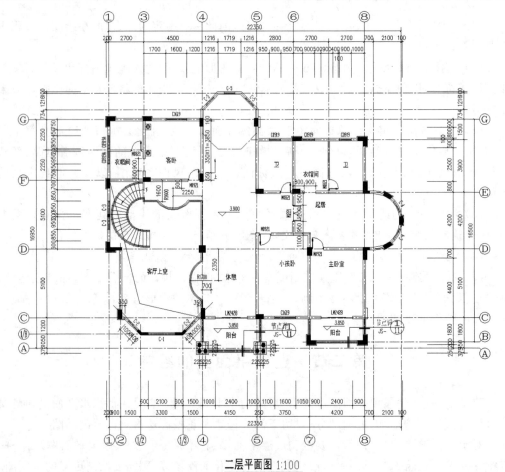

二层平面图 1:100

图 12-5 附加轴线标注方式

到上采用大写拉丁字母编号(其中 I 和 O 不能用于轴线编号)。一般用于承重柱、墙定位的轴线称为主轴,若在主轴之间还有非承重的隔墙或其他独立构件,可以设置附加轴线,附加轴线的表示如图 12-5 中 1 轴与 2 轴、2 轴与 3 轴之间的附加轴线。

2．内外墙体

平面图上必须清晰地表示出内外墙、隔墙等所有墙体的平面位置、材质。绘图时必须保证外墙是封闭的,一般要用相应的图例填充内外墙体,对于薄壁墙,如玻璃墙等,可以采用文字加以说明。

3．门窗形式和位置

平面图中的门窗需要按照《房屋建筑制图统一标准》中规定的图例绘制,只能标注出其位置和宽度,窗一般用"C"作为代号,而门一般用"M"作为代号,代号后面的数字表示门窗的型号,同样规格、大小的门窗一般定义同一名称,如图 12-6 所示。门窗的具体形式和大小可以在门窗表、门窗详图或者有关的门窗标准图集中查阅。

4．上下楼梯和台阶

平面图上一般需要绘制楼梯踏步的基本样式和位置,如双跑楼梯、三跑楼梯、螺旋楼梯等,表明楼梯的上下跑方向,楼梯级数、踏步高度等详细规格尺寸可以在楼梯图中绘制;但若不再绘制踏步详图,则需要在平面图上标注清楚踏步的平面投影位置、尺寸等详细信息,如图 12-6 所示。

5．柱

一般平面图上会绘制柱子,并标注柱子的名称、横截面尺寸和位置(如偏心设置等),但当柱子比较复杂时,如存在很多偏心设置或不规则形状等情况,也可以在结构图中单独绘制各楼层的柱图。

6．尺寸

建筑平面图中的外墙尺寸一般应标注三道:最内侧的第一道尺寸是外墙的门窗洞、洞间墙宽的细部尺寸,中间第二道尺寸是轴线的间隔尺寸,最外侧的第三道尺寸是房屋两端外墙面之间的总尺寸,如图 12-6 所示。

除了外墙的三道尺寸外,建筑平面图上还需要标注大量的内部构造尺寸,如房间隔墙的起止、门洞位置和大小、内墙厚度等细部尺寸和定位尺寸。所有上述尺寸均不包括粉刷层的厚度。

7．室内标高

建筑平面图中还必须标注楼地面、阳台、平台、台阶顶面及室外地坪等完成面(含装修)的相对标高(指相对于首层楼地面±0.000 的标高),如图 12-6 所示。对于有坡度的地方,如卫生间、屋顶等,还需要注明找坡坡度。

8．详图索引

在平立面图中无法表示清楚,需要绘制详图的地方,比如花饰隔断等,需要画有详图

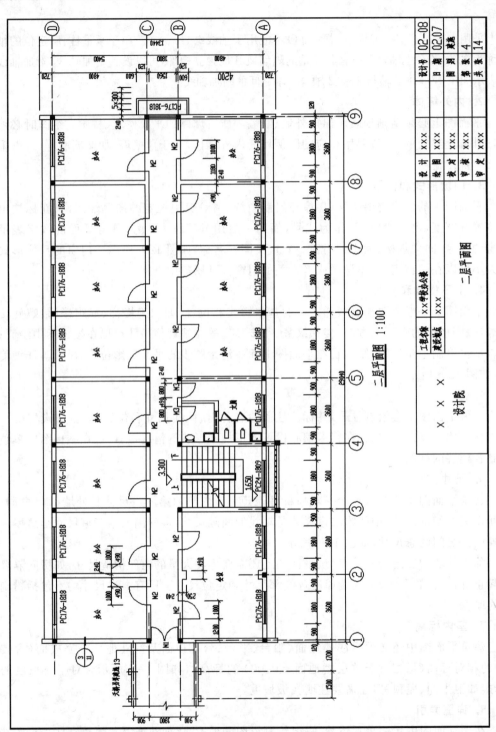

一层平面图 1:100

图 12-6　标准层平面图

索引符号,如图 12-6 所示中窗 PC176-1818 下方的详图索引符号就表示在 11 号图纸上的 1 号图即该剖切位置的详图。

但是,对于不同楼层而言,还有一些特定的内容。下面主要介绍底层平面图、标准层平面图和屋顶平面图绘图时需要注意和补充的一些内容。

(二)底层平面图需要补充的内容

1．出入口与门厅等

首层一般都设计出入口,出入口处也会设置门厅,对于一些公共的建筑或商场,会有多个出入口,因此,在首层图纸上必须明确地绘制出出入口的设计,包括出入口的台阶、门的形式、门厅设计和出入口的雨棚等,如图 12-7 所示。

2．室外排水系统

首层还需要绘制室外的排水系统,如明沟、散水、雨水管的位置等,如图 12-7 所示。

3．底层楼梯

底层楼梯与其他楼层的楼梯略有不同,一般只有向上的方向。但是现在随着地下室的开发与设计,底层楼梯也可能与其他楼层一样,如图 12-7 所示。

4．室内外标高

在首层平面图上,一般都采用楼层标高,即以首层楼地面标高作为 +0.00,室外低平的标高采用的符号不同,但也采用相对于首层楼地面的相对标高形式,如图 12-7 所示。

5．指北针

由于总平面图上的新建建筑仅有一个外轮廓,房屋的朝向并不十分明确,因此首层平面图上一般都要再绘制指北针。

6．剖面图的剖切符号

首层平面图上必须标明 1-1 剖面的位置和投影方向,其他位置可根据房屋设计的需要确定是否需要增加剖面图。1-1 剖面图一般通过楼梯和主要出入口,如图 12-7 所示。

(三)屋顶平面图的主要内容

屋顶平面图与其他楼层平面图不同,它是投影图,因此一般不需要用粗实线绘出墙体轮廓和门窗,但仍然需要绘制定位轴线,标注必要的尺寸。此外,屋顶层平面图最主要的要包括以下内容。

1．屋面的外轮廓

通过屋面的外轮廓基本可以确定屋面的形式、是坡屋面还是平屋面、屋脊线的位置等。

2．屋面的排水系统

屋顶平面图上要清晰地表示排水系统的构成,对于坡屋顶而言,包括其檐口、坡度、落水口等;对于平屋顶而言,采用柔性防水还是刚性防水、雨水坡度等,如图 12-8 所示。

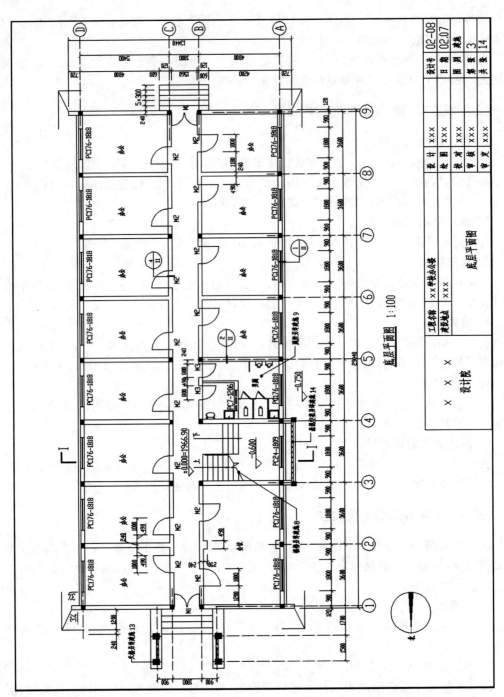

图 12-7 底层平面图

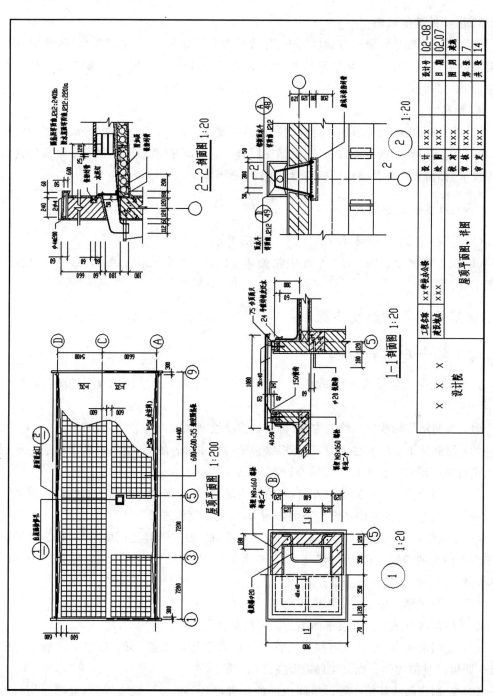

图 12-8　屋顶层平面图

3. 屋面的其他设施

一般屋顶上都会设置一些检修设施,有的屋面上还会有水箱、电梯检修房、烟囱等其他辅助设施,在平面图上必须绘制其平面位置、轮廓,并进行文字标识,必要时还要标注其材料,如图 12-8 所示。

4. 标高

屋顶层的标高必须能够明确地反映屋面的高度变化,如对于坡屋面,一般需要标注外檐口的标高和屋脊线的标高,或者同时标注屋脊线的标高和屋面坡度,而对于屋面的其他附属设施,都需要标注其确切的标高,如图 12-8 所示。

(四)其他必要信息

(1)图名、比例:一般标注在各层平面图的下方。

(2)必要的文字说明:对于平面中相关部分的做法的补充说明等内容,可以放在平面图下方。

二、建筑平面图的绘制步骤

(一)首层和标准层绘制步骤

建筑平面图绘制与总平面图绘制的原则基本一致,对于首层和标准层平面图具体可参照以下步骤。

(1)绘制定位轴线。先绘制主轴,再根据需要绘制次轴。

(2)绘制柱子。绘制柱子时,需要根据柱子的材质进行填充,钢筋混凝土柱子一般用黑色进行填充即可。注意柱子的偏心设置。

(3)绘制墙体。一般先绘制外墙,再绘制内墙,外墙必须封闭。剖切到的墙体要采用粗线条,但门窗洞口处的墙体没有被剖切到,因此要采用细线条。

(4)绘制门窗。根据《房屋建筑制图统一标准》的规定,选择正确的门窗形式,对于项目中多次使用的门窗形式,可以建立"块",然后运用伸长、缩短、缩放等方法,把门窗修改到所需要的尺寸,放置到适当的位置。

(5)绘制楼梯。根据楼梯的形式绘制平面图。注意楼梯的上下跑标示。

(6)绘制台阶散水。首层平面图还需要绘制台阶散水。

(7)绘制雨棚、阳台等挑出构件。首层一般需要绘制雨棚,而二层以上一般会有阳台、空调板等挑出构件。挑出构件需要注意标高的标注。

(8)绘制房间和环境布置。房间内部的布置,如家具、盥洗设施等,一般都运用块操作来提高绘图效率。

（9）标注图名尺寸及文字说明。标注三道尺寸和内部详细尺寸,标注房间名称、图名比例、标高等。有些图纸上还要添加与平面施工时相关的信息,如浇筑楼板的混凝土标号、楼板的厚度等。

（二）屋顶层绘制步骤

对于屋顶平面图而言,可以参照以下步骤绘制。

（1）轴线。

（2）墙体。

（3）出檐宽度。指檐口挑出墙体的宽度,这决定了檐口的位置。

（4）女儿墙或坡屋顶。对于平屋顶一般需要设置女儿墙,坡屋顶则需要考虑檐口的形式。

（5）附加设施。绘制水箱、检修井等其他屋顶上的附加设施。如果有剖切,剖切到的部分需要用粗实线来绘制。

（6）各种标注标号。除了尺寸、图名等一般平面图上所需要标注的信息外,屋顶层平面图还需要标注坡度、附属设施的名称、必要的材质等施工中需要的重要信息。

三、绘制建筑平面图的注意事项

建筑平面图是施工放样的重要依据,因此绘制建筑平面施工图需要注意以下事项。

（1）注意图层的定义。首层及标准层建筑平面图中主要的图层包括轴线、外墙、内墙、柱、门、窗、台阶、楼梯、阳台、尺寸、标高、注释以及其他自定义的图层;而屋顶层平面图中主要的图层则有轴线、墙体、檐口（女儿墙）水箱、尺寸、标高、注释以及其他自定义的图层。

（2）需要包括剖切到的轮廓线、房屋构造、配件尺寸、装修完成面标高等,如需表示高窗、通气孔、地沟等不可见的部分,则需要用虚线绘制。

（3）1-1 剖面图可以采用转折剖的方式,使剖切面通过楼梯和出入口,但一般只能有一次转折。

（3）进行三道尺寸标注时,可以采用 AutoCAD 的"连续标注"方式。

第三节　建筑立面图的绘制

建筑立面图是房屋不同方向的立面正投影图,简称立面图。主要用于表示建筑的外貌,是室外装修的主要依据。

一、建筑立面图的基本内容

立面图主要是反映建筑物的体型、外貌以及墙面的装饰、用料、色彩等特征,可以通过多个不同方向的立面图来反映。对于平面投影形状曲折的建筑物,可以绘制展开立面图,但图名后需要加注"展开"二字。立面图与平面图一同构成了对建筑物的总体描述,因此,一般立面图需要包括以下内容:

1. 定位轴线及编号

为了便于与平面图对照,一般立面图至少需要画出立面的两端定位轴线及相应的编号,立面图的命名也应根据房屋两端定位轴线的编号(如图 12-9 所示的-立面图),无定位轴线的建筑物,可以按平面图各面的方向(东、西、南、北)来确定名称。

2. 立面外观

立面图上必须清晰地表明建筑物外形轮廓,以及外墙上的门窗、出入口台阶、雨篷、阳台、烟囱、雨水管等构配件的轮廓和位置,如图 12-9 所示。

3. 标高

立面图上必须用相对标高表示出建筑物的总高度(屋檐或屋顶)、各楼层高度、室内外地坪标高以及烟囱高度等,如图 12-9 所示。

4. 外立面装饰

立面图上还需要注明建筑物外墙外立面所采用的主要材料和施工工艺,绘制出饰面的分格,必要时还需要填充外墙装饰的图例。若因比例原因在立面内难以绘制清楚的,需要标注详图索引,在详图中加以详细说明,如图 12-9 所示。

5. 其他文字说明

立面图还必须有图名、比例,必要时还需要补充说明立面装饰的具体施工工艺。

二、建筑立面图的绘制步骤

采用 AtuoCAD 绘制立面图时,一般采用以下步骤。

(1) 绘制地平线和定位轴线。首先绘制室外地坪线,再确定起止定位轴线。

(2) 绘制外形轮廓。绘制建筑物的外形轮廓线,注意台阶等细节。

(3) 绘制立面分格线。立面上一般有凹凸的分格线,实质上这是窗台、窗顶的定位线。绘制分格线后,根据立面要求填充图例。

(4) 绘制门窗洞。根据所选择的门窗类型,参考平面图中门窗的位置,绘制相应的门窗洞。

(5) 绘制其他构配件。清晰地绘制如阳台、雨棚、雨水管、门窗分格、窗台、勒脚等其他细部及构配件的立面投影图。

(6) 标注。立面图上必须标注每层楼的标高、门窗洞口的标高、屋顶和檐口标高等重

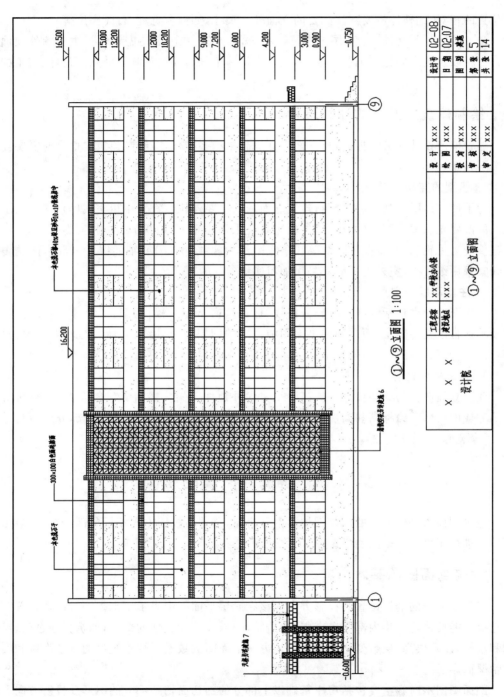

图 12-9　立面图

要位置的相对,此外还需要标注必要的立面外形尺寸,如窗台宽度、台阶高度等。

(7) 注写文字说明。立面图下方需标注图名、比例,在图上还需要注写主要的外立面装饰材料以及相应的施工工艺。此外,还要根据施工的需要注写其他外立面设计、施工的信息。

三、绘制建筑立面图的注意事项

随着建筑设计水平的提高,外立面设计也越来越多样化,在绘制建筑立面图时需要注意以下几点。

1. 线型的变化

为了使立面图清晰、层次分明,建筑立面图的主要外轮廓宜采用粗实线(b),在立面上凹凸的次要轮廓线构配件(如窗)的外轮廓线宜采用中粗实线($0.7b$)或中实线($0.5b$),细小配件的可见轮廓线、墙面装饰线等线条宜采用中实线($0.5b$)或细实线($0.25b$),图例填充线宜采用细实线,室外地平线宜采用加粗实线($1.4b$)。

2. 注意图层的定义

立面图的图层包括轴线、外墙、分格线、柱、门、窗、台阶、楼梯、阳台、尺寸、标高、注释以及其他自定义的图层;而屋顶层平面图中主要的图层则有轴线、墙体、檐口(女儿墙)水箱、尺寸、标高、注释以及其他自定义的图层。

3. 标高标注位置

建筑立面图上的标高按规定应该注写室内外地坪、平台、檐口、屋脊、女儿墙、台阶等处的完成面(含装修)标高和高度方向尺寸,雨篷底、梁底、门窗洞口等其余部分应注写毛面(不含装修)尺寸及标高。

第四节　建筑剖面图的绘制

建筑剖面图是用铅锤的假象剖切面剖开房屋,移去与投影方向相反的部分图形,对留下部分进行正投影所得到的投影图,简称剖面图。

一、建筑剖面图的基本内容

建筑剖面图的剖切位置和投影方向应该在底层平面图中表示出来。一般剖切位置应该选择在能反映建筑物内部竖向全貌、构造特征,以及有代表性的部位,如选择通过门、窗洞和楼梯,以及层高、层数变化比较大的地方。剖面图的数量要视建筑物的复杂程度和实际情况而定。

剖面图图示内容主要包括房屋基础以上部分的剖切面切到部分的图形及投射方向看见的建筑构造,一般需要表达以下内容。

（1）定位轴线及编号。与立面图一样，剖面图至少需要画出立面的两端定位轴线及相应的编号，立面图的命名也应根据房屋两端定位轴线的编号（如图 12-10 所示的 1-1 立面图），对于剖切到的墙体的轴线也应当标注。

（2）剖切到的建筑截面，包括截面的轮廓和材质。一般包括剖切到的梁、板、墙体、楼梯等主要构造的断面轮廓和剖切到的次要构造断面轮廓线、墙面面层粉刷线、保温层线等。剖切断面内部需要用相应的图例填充以表示其材质，如图 12-10 所示。

（3）投影方向为剖切到的立面投影。一般包括剖切部分建筑内部的构造和陈设，以及未被剖切部分建筑投影方向的立面、门窗、屋顶等内容，如图 12-10 所示。

（4）剖切到的外墙尺寸。建筑剖面图中剖切到的外墙尺寸一般应该标注三道。最内侧的第一道尺寸为门、窗洞及洞间墙相对于楼地面基准的高度尺寸，第二道尺寸为层高尺寸，即底层地面至二层楼面、各层楼面至上一层楼面、顶层楼面至檐口处屋面的高度尺寸，第三道尺寸为室外地面以上的总高尺寸，如图 12-10 所示。

（5）外立面的标高。标高的标注要求与立面图一致，一般需要在未剖切部分标注室内外地坪、楼地面、阳台、平台、台阶、檐口、屋脊、女儿墙等部位的完成面的标高。雨篷底、梁底、门窗洞口等部位的尺寸则一般标注毛面尺寸与标高，如图 12-10 所示。

（6）楼梯。一般剖面图的剖切部位都需要通过楼梯，且选择投影方向时，要注意能够反映出楼梯的整体构造，剖面图中必须详细地反映出楼梯的全貌，剖切到的部分要用粗线绘制并填充图例，未剖切部分但能够看到的部分梯段、栏杆扶手、墙面等结构则用细线绘制外轮廓，如图 12-10 所示。

（7）剖面图中其他必要信息。剖面图还必须有图名、比例，必要时还需要补充说明一些施工方法和材质。

二、建筑剖面图的绘制步骤

采用 AtuoCAD 绘制立面图时，基本步骤与立面图一致，可参考以下步骤。

（1）绘制地平线和定位轴线。首先绘制室外地坪线，再确定起止定位轴线。

（2）绘制外形轮廓。绘制建筑物的外形轮廓线，包括外墙、楼面、屋面的线条，注意台阶等细节。

（3）剖切到的部分的轮廓线。根据剖切位置，绘制剖切到的楼梯、楼地面、墙体、门窗等部位的轮廓和材质填充。楼梯需要画出剖切部分和投影方向上未剖切部分的详细布置，包括梯段、栏杆、扶手等细节。

（4）投影方向其他为剖切到的可见轮廓线。一般投影方向未剖切的轮廓包括门窗、外立面分格线、台阶、阳台、雨棚等构造，以及踢脚线等剖切部分投影方向的一些可见内部装饰线条。

（5）尺寸标注和标高标注。剖切到的部分需要详细的标注尺寸，一般需要标注三道

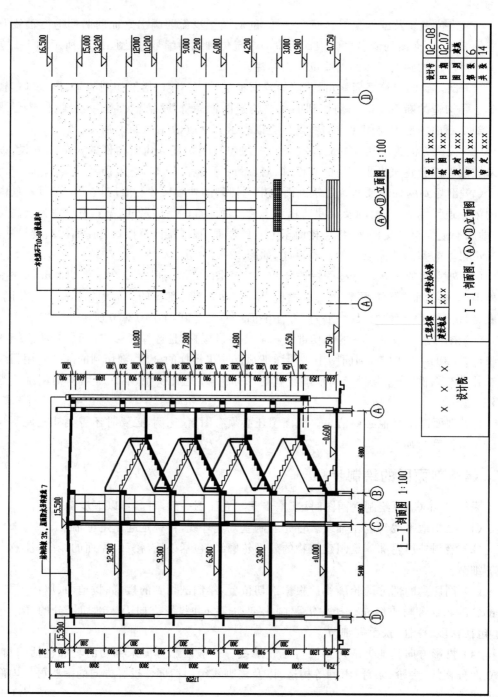

图 12-10 1-1 剖面图

尺寸(图 12-10),楼梯可视情况,在可能的情况下,标注踏步的尺寸。

（6）注写文字说明。剖面图下方需标注图名、比例。图上可根据需要注写一些特别区域的施工工艺等其他有必要补充的信息。

三、绘制建筑剖面图的注意事项

（1）注意线型变化。剖面图上有剖切到的断面,也有为剖切到的投影面,因此在绘制施工图时必须注意线型的选择。剖切到的墙、梁和楼板等主要构造的断面轮廓线需要用粗实线(b)绘制;剖切到的次要构造断面轮廓线、墙面面层粉刷线、保温层线和未被剖切到的可见构配件轮廓线用中粗实线或中实线($0.7b$ 或 $0.5b$)绘制;图例的填充线、家具线等用细实线($0.25b$)绘制,室内外地平线则需要用粗实线或者加粗实线(b 或 $1.4b$)绘制。

（2）注意比例对剖面图的影响。不同比例的建筑剖面图,剖切到的轮廓线内的材料图例和墙面面层线规定按建筑平面图中的规定绘制。对于楼地面、屋面,当比例大于等于 1∶200 时,宜画出楼地面、屋面的面层线;比例小于 1∶200 时,楼地面、屋面的面层线可不画出。

（3）转折剖面图的剖切位置选择。当楼梯与门窗无法用一个平面剖切时,可以选择转折剖,如图 12-10 所示,但是多次转折会给图形的表达带来一定的困难,因此在建筑剖面图中一般只采用一次转折剖。

第五节　建筑详图的绘制

建筑详图是建筑细部的施工图,因为建筑平、立、剖面图一般采用较小的比例绘制,因此有些建筑构配件(如墙身、楼梯、阳台、门窗等)和某些节点(如檐口、踏步、窗台、明沟等)部位的式样、尺寸、做法等都不能在这些图中表达清楚,根据施工需要,必须另外绘制比例较大的图样,这种图样叫作建筑详图。

一、建筑详图的基本内容

建筑详图主要包括以下内容:
（1）详图符号及其编号、名称、比例;
（2）建筑构配件的视图,或节点视图,包括详细构造、材料层次、材料图例;
（3）详细注明各部位和各层次的用料、做法及施工要求等;
（4）如有轴线,宜画出轴线及其编号;
（5）标注有关尺寸和标高;
（6）其他需要说明的文字等。
常见的建筑详图主要有外墙节点详图 12-11、楼梯详图 12-12、花饰的详图 12-13 等。

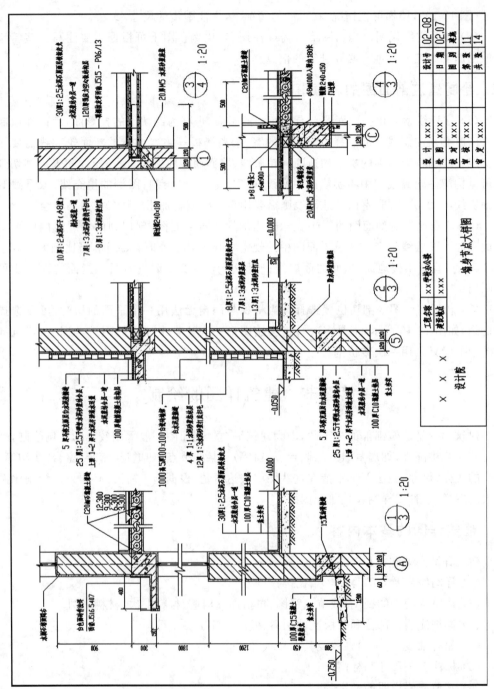

图 12-11　墙身节点详图

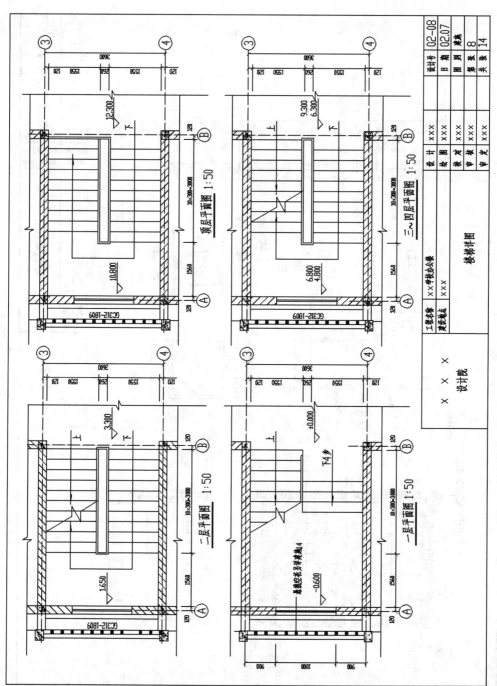

图 12-12 楼梯详图

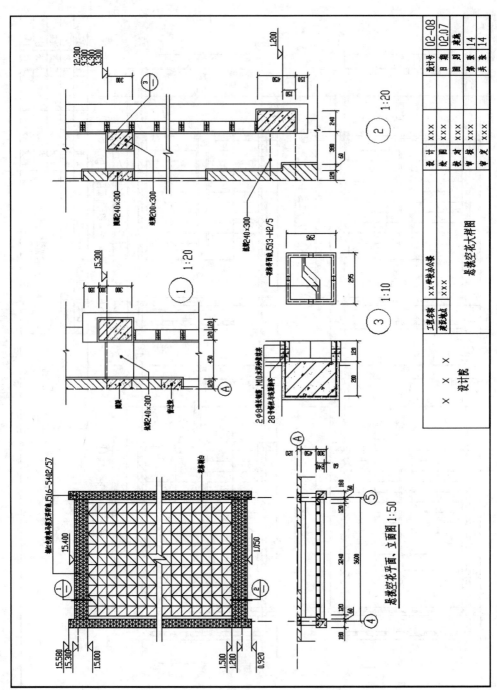

图 12-13　悬挑空花详图

二、建筑详图的绘制步骤

采用 AutoCAD 绘制建筑详图,一般按照以下步骤进行绘制。

(1) 确定详图所需绘制的投影方向。详图是对平、立、剖图的补充,主要作用是表明平、立、剖图所难以表达的一些细部做法,因此,详图一般也用三视图和剖面图的形式来表示,但并不是每一张详图都需要绘制三视图。对于大部分详图只需要把平、立、剖图上难以表达的那一投影面绘制出来即可。

墙身与楼地面节点详图(图 12-11)一般采用分层剖面图的形式;楼梯详图(图 12-12)则一般需要绘制平面、剖面详图;一些花饰(图 12-13)等的详图则根据需要绘制平面或者立面详图。

(2) 绘制详图轮廓。根据投影图的要求,绘制详图的外轮廓和内部轮廓,剖面图则绘制剖切面的内外轮廓,分层剖面图需要绘制各层分界面,剖面图还需要填充相应的图例。

(3) 标注尺寸和标高。标注详图的细部尺寸,楼地面、楼梯等详图还需要在各平台的完成面标注相应的标高。

(4) 标注做法和说明。在详图上还需要标注相应的做法,并根据施工需要对材料选用、施工工艺等进行详细的说明。

三、绘制建筑详图的注意事项

详图作为一种局部的平、立、剖图,也遵循一般平、立、剖图的绘制要求。同时,详图是建筑施工图中最详细的补充,绘制详图除了需要具备空间想象力,还要细心和耐心,以保证施工图的完备。在绘制详图时务求避免以下错误:

(1) 轮廓绘制不清。对于比较复杂的图形,尤其是花饰,每一投影面的轮廓都要清晰地绘制。

(2) 尺寸、标高遗漏。详图绘制的一般都是比较复杂的位置,尺寸、标高标识不全就会导致识图错误,甚至误导施工。

(3) 图例、说明错误。对于常见的图例可以不标注说明,但不常见或者自定义的图例则必须加以说明,图例与说明要匹配。

本 章 练 习

1. 平面图、立面图绘制练习(注意图层设置)。

(1) 参照下图绘制平面图,并打印。

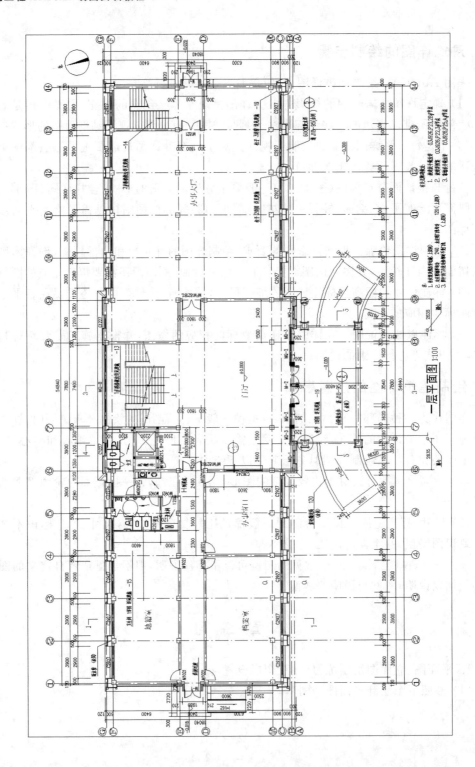

一层平面图 1:100

（2）参照下图绘制立面图，并打印。

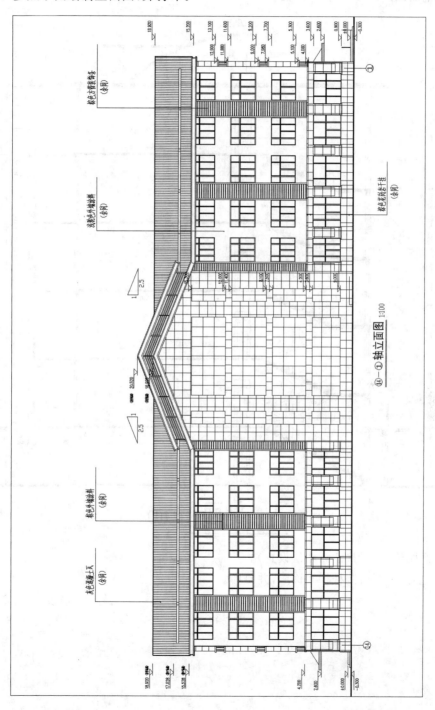

2. 剖面图绘制练习（注意图层设置）。

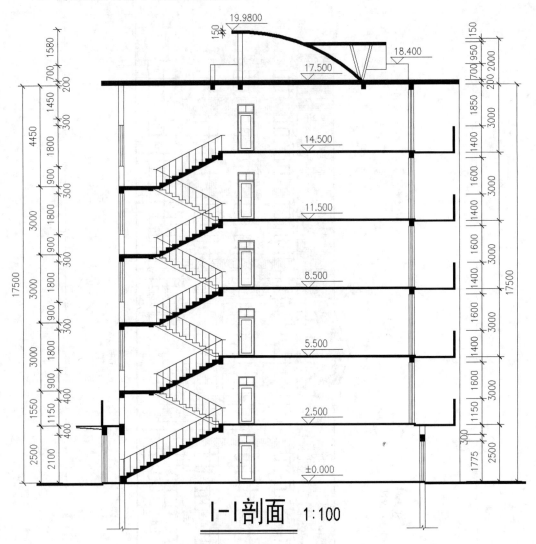

I-I剖面 1:100

3. 详图绘制练习（注意图层设置）。

（1）参照下图绘制楼梯平面图，并打印。

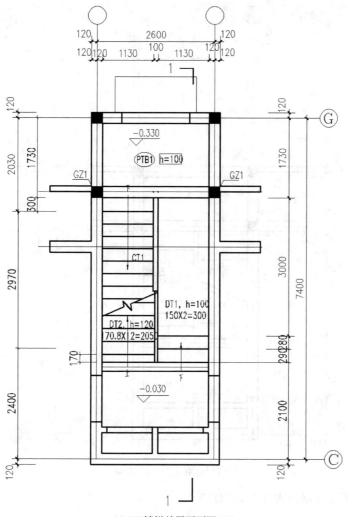

(a) 15#楼梯首层平面图1:50

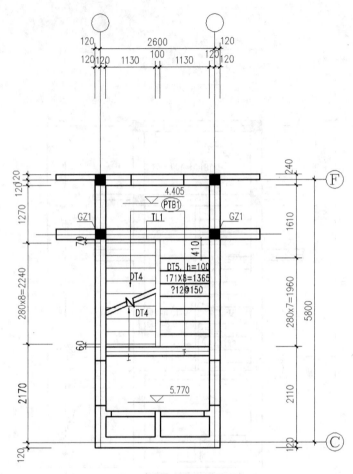

(b) 15#楼梯三层平面图1:50

（2）参照下图绘制泛水详图，并打印。

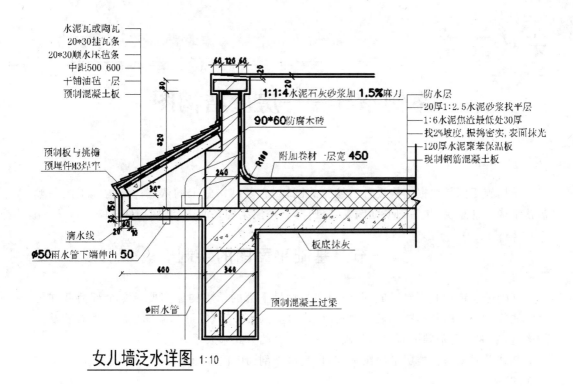

水泥瓦或陶瓦
20*30挂瓦条
20*30顺水床毡条
中距500 600
干铺油毡一层
预制混凝土板

60 120 60
120

80
820

1:1:4水泥石灰砂浆加 1.5%麻刀
90*60防腐木砖
附加卷材一层宽 450
R100
240

防水层
20厚1:2.5水泥砂浆找平层
1:6水泥焦渣最低处30厚
找2%坡度, 振捣密实, 表面抹光
120厚水泥聚苯保温板
现制钢筋混凝土板

预制板与挑檐
预埋件M3焊牢

30°
30 50
30 20
20 10

滴水线
φ50雨水管下端伸出 50

板底抹灰

600
360

φ雨水管

预制混凝土过梁

女儿墙泛水详图 1:10

第十三章

案例指导——房屋结构图

结构施工图是根据结构设计后绘制的图样，它是结构施工的依据。结构施工图一般包括结构设计总说明、基础平面图及基础详图、楼层结构平面图、结构构件详图。

第一节　基础平面图的绘制

基础是建筑物的主要组成，并作为建筑物最下部的承重构建需要承受全部荷载并传递到地基。一般用基础图来表示建筑物室内地坪(±0.00)以下基础部分的平面布置及详细构造，通常采用基础平面图与基础详图相结合的方式来表示。

基础平面图与各楼层平面图一样，也是水平剖面图的投影，其剖切位置位于底层室内地面的下方。

一、基础平面图的基本内容

一般而言，基础平面图需要包括以下内容。

1. 定位轴线

一般与首层平面图的轴线相同，主要用于承重柱、墙、基础梁的定位。

2. 基底开挖轮廓线

根据基础形式绘制相应的底面轮廓线。墙承重结构部分一般为条形基础，柱承重结构部分一般采用独立基础，此外还可以根据需要采用满堂基础、片筏基础或箱型基础等。基础平面图的底面轮廓线是指基坑未回填时的开挖轮廓线。如图 13-1 所示，对于还需要开挖集水井等设施的，基础平面图上也要绘制其位置和轮廓。

3. 基础墙、梁、柱等构件轮廓线

基础结构构件，如基础墙、基础梁和基础柱等，一般在开挖轮廓线内，基础墙和基础柱的位置和截面一般与首层承重墙、柱是一致的，因此也可以从首层平面图中复制过来。

4. 其他基础构件

有些建筑还有桩基础。若能在基础平面图中表示清楚，则绘制在基础平面图中；若无法在基础平面图中表示，则需要绘制单独的桩基础平面图。

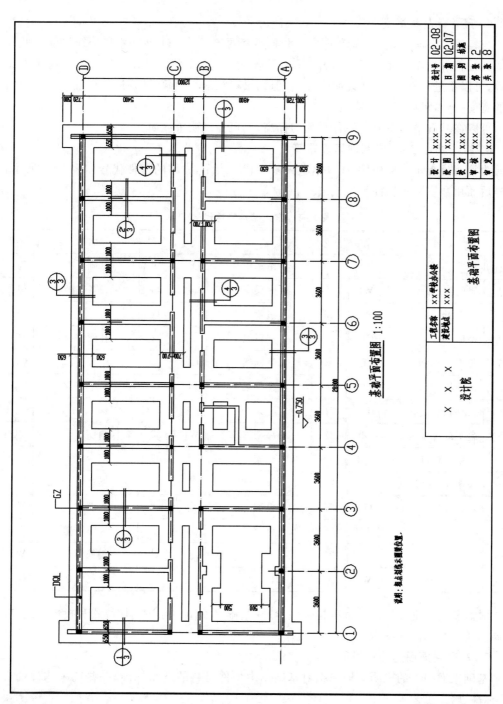

基础平面布置图 1:100

说明: 基础详见示意详图。

图 13-1　基础平面图

5．尺寸标注和标高标注

与各楼层平面图相似，基础平面图也需要有两道尺寸：外包尺寸和轴线尺寸。此外基地开挖轮廓也需要标注相应的名称和平面宽度尺寸。如果基础墙、柱若与首层平面图一致，可以不进行标注，或在说明中注明，但如果存在偏心现象，则要进行标注。梁一般与墙的宽度一致，可以不标注宽度。

可以在基础平面图上标注各平面的标高，也可在说明中注明。

6．标注构件名称、详图剖切位置等

为简明地表示结构构件，构件名称一般用代号表示，常用的构件代号如表 13-1 所示，代号后面用数字表示构件类型或编号。

表 13-1　常见结构构件代号

序号	名称	代号	序号	名称	代号	序号	名称	代号
1	板	B	15	吊车梁	DL	29	基础	J
2	屋面板	WB	16	圈梁	QL	30	设备基础	SJ
3	空心板	KB	17	过梁	GL	31	桩	ZH
4	槽形板	CB	18	连系梁	LL	32	柱间支撑	ZC
5	折板	ZB	19	基础梁	JL	33	垂直支撑	CC
6	密筋板	MB	20	楼梯梁	TL	34	水平支撑	SC
7	楼梯板	TB	21	檩条	LT	35	梯	T
8	盖板或沟盖板	GB	22	屋架	WJ	36	雨篷	YP
9	挡雨板或口板檐板	YB	23	托架	TJ	37	阳台	YT
10	吊车安全走道板	DB	24	天窗架	CJ	38	梁垫	LD
11	墙板	QB	25	框架	KJ	39	预埋件	M
12	天沟板	TGB	26	钢架	GJ	40	天窗端壁	TD
13	梁	L	27	支架	ZJ	41	钢筋网	W
14	屋面梁	WL	28	柱	Z	42	钢筋骨架	G

对需要绘制剖面详图的基础构件，一般在基础平面图中标注剖切位置和投影方向，有些局部还需要标注详图索引。

7．基础平面图的补充说明

基础平面图上的说明一般包括对基础图中构件材料的选用标准、一些统一构件的尺寸、标高、施工工艺等。

8. 图名、比例

基础平面图下方要有图名和比例,其比例一般与各楼层平面图一致。

二、基础平面图的绘制步骤

采用 AutoCAD 绘制基础平面图时,一般按照以下步骤进行。

1. 绘制定位轴线

一般情况下,可以直接复制首层平面图的定位轴线。

2. 绘制基础墙、柱等构件轮廓线

由于基础墙、柱一般是首层承重墙、柱的延伸,因此可以从首层建筑平面图上复制。但对于较复杂的框架柱结构,每层会单独绘制柱平面布置图。基础平面图上的墙、柱也是剖面图,因此轮廓需要采用中粗线。

3. 绘制基底开挖轮廓和其他必要构件

基础底部的开挖轮廓一般以定位轴线为中心对称布置,但若存在承重墙偏心、地基受力不均匀等现象,则基础底部的开挖轮廓的中心也会偏离轴线。包括集水井、承台等在内的基底开挖轮廓一般不是剖面图,因此采用细实线即可。

基础梁即使与墙体重合,也要单独设置一层进行绘制,且需要加粗。

4. 标注尺寸和标高

基础中很少有门窗,所以基础平面图中一般只标注两道尺寸,同时对与上下连通的墙、柱也可以不再另标尺寸,因此需要明确标注的是基地开挖尺寸,一般以定位轴线为基准进行标注。

结构图中的标高一般标注结构标高,即不包括粉刷层在内的标高。

5. 标注剖切位置、补充说明等其他绘图要素

基础平面图中一般用相应的代号来表示每一种构件的名称。对于需要绘制剖面详图的位置,还需要标注剖切符号和投影方向。

最后对平面图上无法表示清楚,但必要的结构设计内容要进行补充说明,并标明图名、比例,完善基础平面图上的制图要素。

三、绘制基础平面图的注意事项

基础平面图与各楼层平面图基本相似,绘制过程中也要注意图层、线条的设置,但它与建筑图略有区别。

(1) 基础平面图中需要绘制基础详图的地方一般不列详图索引,其中结构构件的内部构造由其代号进行区分,而不取决于其位置,即同一代号的构件其详图是一样的,因此详图也是与其代号相对应的。

（2）结构平面图中所标注的标高信息与结构层高度一致，不包括建筑装饰层，因此会与建筑图的标高产生一些差异。

第二节　基础详图的绘制

一、基础详图的基本内容

基础详图是对基础结构构件的详细说明，基础选型在基础平面图中基本明确，但每一种基础构件的材料、具体形状和内部配筋都要通过基础详图进一步明确。实质上基础详图也就是基础构件的剖面图或者是断面图。基础详图一般包括以下内容。

1．绘制基础结构构件的轮廓和内部材料

基础详图应与基础平面图中的相应代号及剖切位置保持一致。为了突出表示基础结构构件中的钢筋配置，轮廓线一般用中实线表示，钢筋用粗实线表示，钢筋混凝土的材料图例一般不做填充，但其他材料，如砖砌体等，可视作图需要进行填充，如图 13-2 所示。

2．外形轮廓的尺寸和标高标注

对所绘制的基础结构构件要进行详细的尺寸标注，通过详图和平面图的结合，可以完整、清晰地描绘基础结构构件的三维形状。

对关键的界面要标注标高，如基础结构构件的底面标高、顶面标高、底层室内地面标高等关键位置。

3．钢筋配置标注

表示钢筋混凝土结构的内部配筋情况是结构详图的主要功能。钢筋的标注要符合《建筑结构制图标准》的要求，一般在引出线的上方标注，如图 13-2 中的 Φ6@200 表示板中每隔 200mm 布置直径为 6mm 的钢筋，图 13-2 中的 4Φ14 表示 4 根直径 14mm 的钢筋。对于存在多种型号的同类构件，必要时可以通过绘制表格的形式来加以区别。

4．详图名称和比例

详图下方要有图名和比例。详图名称一般与基础结构构件的代号及序号一一对应，但是对于内部结构相似的构件，已绘制了构件表列出其关键区别，图名可以仅与构件代号对应，但在构件表中其代号与序号要与其内部配置情况一一对应。

二、基础详图的绘制步骤

基础详图的绘制需要根据构件的特点，一般情况下，按照下列步骤绘制。

1．绘制构件的外轮廓

外轮廓是根据剖面投影而来。在绘制外轮廓之前，一般要绘制轴线来定位，但基础结

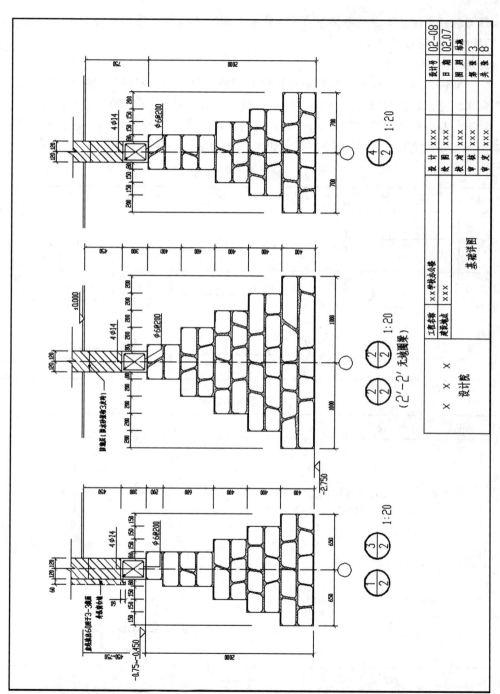

图 13-2 基础详图

构构件与轴线之间并不是一一对应关系,只是用来区分构件是否以轴线为中心对称,因此,轴线的表示符号可以空白。

2. 绘制构件内部构造

构件的内部构造主要包括材料填充和钢筋配筋。除混凝土以外,一般的材料都需要用图例来填充,填充时要保证边界是封闭的,可以通过调整填充图案的比例来优化填充效果。对于一些自定义图例的新材料,要做必要的说明。构件内部的钢筋要根据要求绘制钢筋的弯头和连接方式,常见的绘制要求如表 13-2 和表 13-3 所示。

表 13-2　钢筋连接方式对照

名　称	图　例	名　称	图　例	名　称	图　例
钢筋断面		带直钩的钢筋端部		半圆形弯钩的钢筋塔接	
无弯钩的钢筋端部	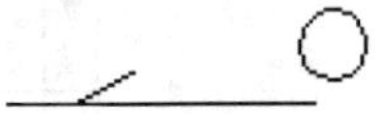	带丝扣钢筋端部	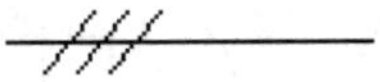	带直钩的钢筋搭接	
半圆形弯钩的钢筋端部		无弯钩的钢筋塔接		套管接头	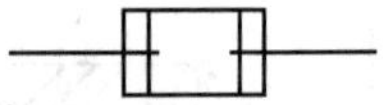

表 13-3　钢筋绘制方法

序号	说　明	图　例
1	在平面图中配置双层钢筋时,底层钢筋弯头应向上或向左,顶层钢筋应向下或向右	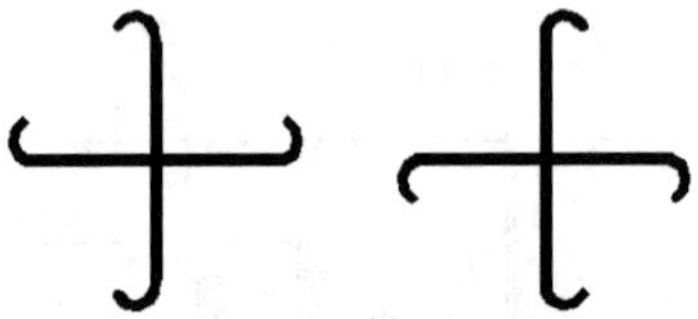 底层　　顶层
2	配双层钢筋的墙体,在配筋立面图中,远面钢筋的弯头应向上或向左,近面钢筋应向下或向右(GM:近面;YM:远面)	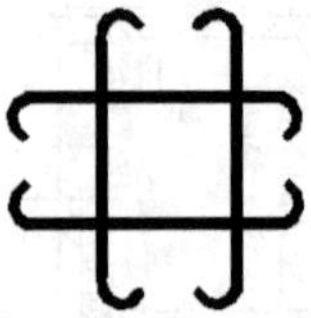

序号	说　　明	图　　例
3	如在断面图中不能表示清楚钢筋布置,应在断面图外增加钢筋大样图	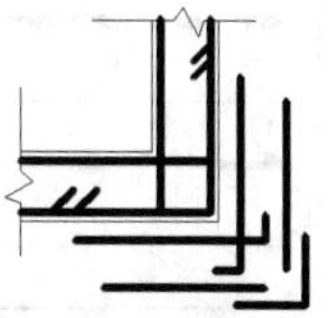
4	图中所示箍筋、环筋,如布置复杂,应加画钢筋大样及说明	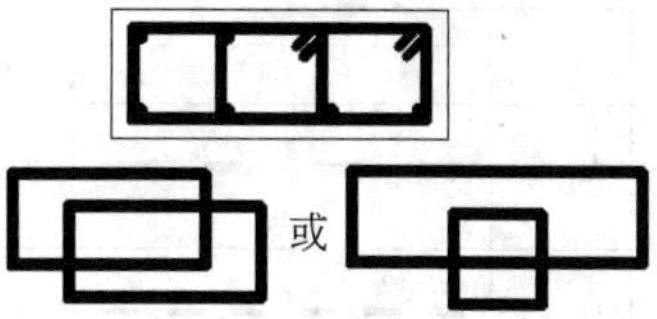 或
5	每组相同的钢筋、箍筋或环筋,可以用粗实线画出其中一根来表示,同时用一横穿的细线来表示其余钢筋、箍筋或环筋,横线两端带斜短划表示该号钢筋的起止范围	

3．标注构件尺寸和标高

对基础结构构件的外轮廓进行标注,同时标注必要界面的标高。

4．标注钢筋配置

对基础结构构件内部钢筋的配置进行详细的标注。

5．图名、比例和说明

在详图下方标出图名和比例,对无法在详图中表示的做法要补充进行说明。

三、绘制基础详图的注意事项

基础详图与基础平面图共同组成了基础结构图,基础详图主要是剖面或断面图,因此绘制的时候要注意以下几点。

(1)图层设置要清晰。一份详图图纸上一般有多个详图,在绘制基础详图时要设置好每个详图的图层,线型一致的可放置在同一个图层上,如钢筋的图层、外轮廓的图层等。

(2)线型粗细要分清。与建筑剖面图不同,结构详图的重点并不是构件的轮廓,因此结构施工图中采用的线型有其特别的规定,具体如表 13-4 所示。

(3)构件名称要准确。基础结构详图与结构构件的名称有对应关系,而构件名称并非随意命名,要根据表 13-1 的规则进行命名,如果同一类型的构件轮廓、配筋、平面布置等存在差异,就要用不同的序号来加以区别。

表 13-4　结构施工图中的线型规定

名　称		线　型	线　宽	一　般　用　途
实线	粗	▬▬▬▬	b	螺栓,钢筋线,结构平面布置图中单线结构构件线,钢木支撑及系杆线,图名下横线、剖切线
	中粗	▬▬▬	$0.7b$	结构平面图中及详图中剖切到或可见墙身轮廓线、基础轮廓线、钢结构和木结构轮廓线、钢筋线
	中	▬▬	$0.5b$	结构平面图中及详图中剖切到或可见墙身轮廓线,基础轮廓线,可见的钢筋混凝土构件轮廓线、钢筋线
	细	———	$0.25b$	尺寸线,标注引出线,标高符号线,索引符号线
虚线	粗	▬ ▬ ▬	b	不可见的钢筋线、螺栓线,结构平面布置图中不可见的单线结构构件及钢、木支撑线
	中粗	▬ ▬ ▬	$0.7b$	结构平面图中不可见的构件、墙身轮廓线及不可见钢、木结构构件线,不可见钢筋线
	中	– – –	$0.5b$	结构平面图中不可见的构件、墙身轮廓线及不可见钢、木结构构件线,不可见钢筋线
	细	- - -	$0.25b$	基础平面图中管沟轮廓线,不可见的钢筋混凝土构件轮廓线
单点长画线	粗	▬ · ▬ ·	b	垂直支撑,柱间支撑线,设备基础轴线图中的中心线
	细	- · - ·	$0.25b$	中心线、对称线、定位轴线、重心线
双点长画线	粗	▬ ·· ▬ ··	b	预应力钢筋线
	细	- ·· - ··	$0.25b$	原有结构轮廓线

第三节　钢筋混凝土构件图的绘制

一、钢筋混凝土构件图的基本内容

建筑工程中基本的结构构件有柱、梁、楼板、基础等。本节主要介绍基础以外的其他结构构件图。

（一）各楼层结构平面图

构件图一般指柱构件详图,但完整的柱图还包括结构平面图。各楼层的结构平面图主要是绘制结构构件,如柱、梁、板的平面位置和相互关系,但一般不包括墙体(即使是承重墙)。结构平面图的绘制与建筑平面图的绘制基本相似。平面图上的结构构件也用代号来区别,如图 13-3 所示。

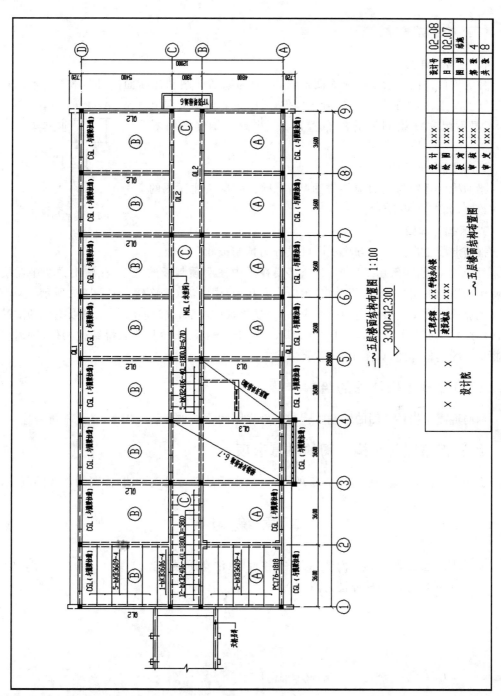

图 13-3 各楼层结构平面布置图

（二）构件详图

1. 柱构件详图

柱的构件详图一般采用断面图形式，可分为纵断面图和横断面图，图 13-4 所示。对于钢筋混凝土柱，与其他钢筋混凝土构件一样，不需要填充混凝土，但要用粗实线绘制钢筋的布置形式，并标注钢筋的排布方式。

2. 梁构件详图

梁的构件详图与柱的构件详图基本相似，可参照柱详图的方式绘制，如图 13-5 所示。

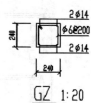

图 13-4　柱的横断面图

3. 板构件详图

钢筋混凝土板按施工方法不同可以分为预制板和现浇板。

对于预制板，一般由工厂加工，只需要在图中注明预制板的型号，在施工说明中需要注明所选用的图集号，如通用图集《预应力多孔板》中的沪 G303 等，如图 13-3 所示。

现浇板的详图一般采用剖面图表示，当现浇板的配筋比较简单时，也可以把板的配筋直接在结构平面图上表示，如图 13-6 所示。对于雨棚板、阳台板等悬挑结构构件，则需要绘制单独的结构详图，如图 13-6 所示。

二、钢筋混凝土构件图的绘制步骤

钢筋混凝土构件详图的绘制步骤与基础详图的绘制步骤基本相似，在此不再赘述。

三、绘制钢筋混凝土构件图的注意事项

要注意线型，如梁一般布置在板的下方，投影后是不可见轮廓线，需要用虚线绘制。

本 章 练 习

1. 参照下图绘制基础平面图和详图，并打印（注意图层设置）。
2. 参照下图绘制楼梯详图，并打印。

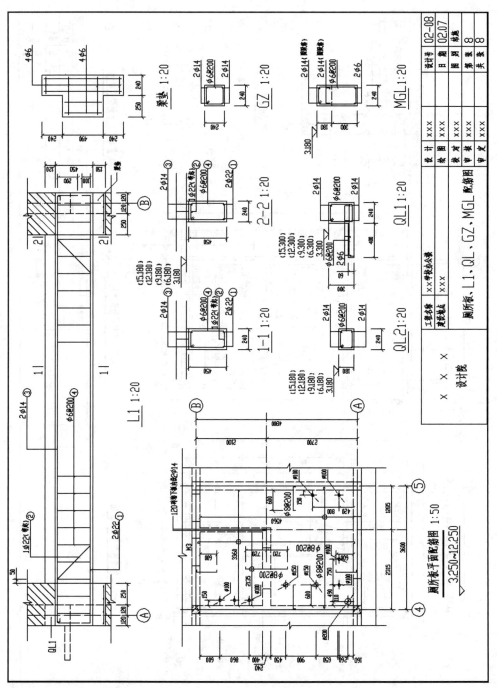

图 13-5 楼梯间梁柱详图

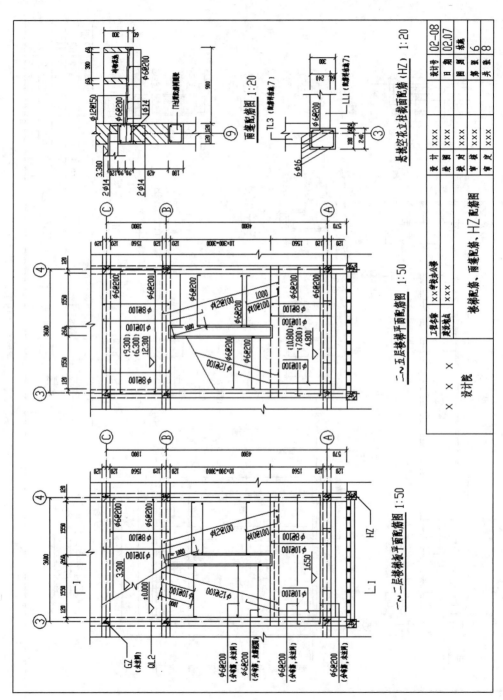

图 13-6 现浇板的详图

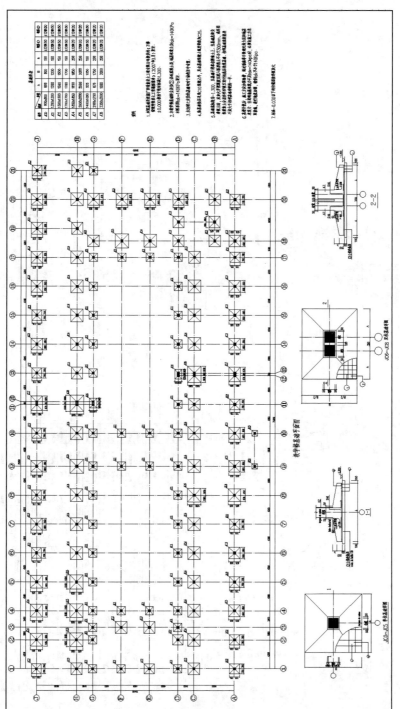

（练习 1 图）

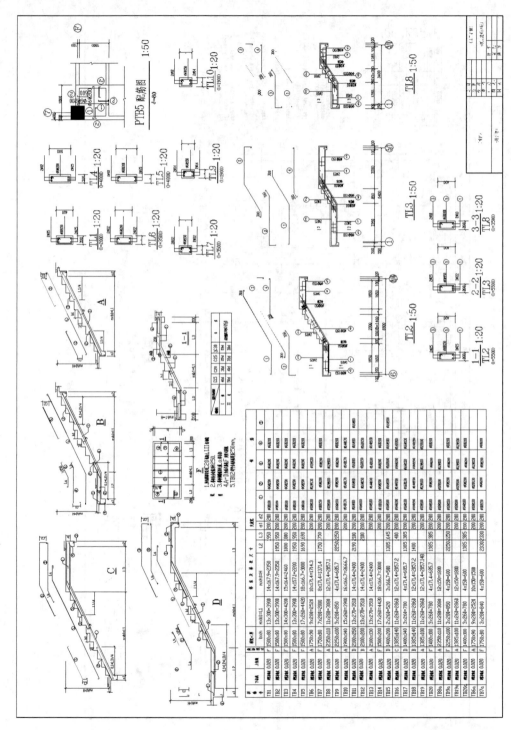

（练习 2 图）

参 考 文 献

[1]　陈文斌,章金良.建筑工程制图[M].5 版.上海:同济大学出版社,2010.

[2]　王永智,齐明超,李学京.建筑制图手册[M].北京:机械工业出版社,2007.

[3]　王德芳.建筑工程制图习题集[M].5 版.上海:同济大学出版社,2010.

[4]　钱杨.计算机辅助设计 AutoCAD[M].上海:上海交通大学出版社,2006.

[5]　黄志国,等.AutoCAD 建筑设计 100 例[M].北京:中国铁道出版社,2007.

[6]　唐峰.AutoCAD2008 建筑设计典型案例 [M].北京:清华大学出版社,2007.

[7]　孙江宏.AutoCAD2008 中文版实用教程[M].北京:高等教育出版社,2007.12

[8]　李怀健,陈星铭.土建工程制图[M].4 版.上海:同济大学出版社,2012.5

[9]　乐嘉龙,李喆,胡刚锋,学看园林建筑施工图[M].北京:中国电力出版社,2008.

[10]　田希杰,刘召国.图学基础与土木工程制图[M].2 版.北京:机械工业出版社,2011.

[11]　王德芳,刘政.画法几何及工程制图解题指导[M].上海:同济大学出版社,2008.

[12]　谢步瀛,董冰,刘政.土木工程制图[M].上海:同济大学出版社,2006.